本书是安徽省哲学社科规划项目

"戴震心理学思想研究"（课题编号：AHSK09–10D101）研究成果

戴震心理学思想研究

Study of Dai Zhen's Psychological Thought

姚本先　著

中国社会科学出版社

图书在版编目（CIP）数据

戴震心理学思想研究／姚本先著 . —北京：中国社会科学出版社，2020.6
ISBN 978 – 7 – 5203 – 6254 – 2

Ⅰ. ①戴…　Ⅱ. ①姚…　Ⅲ. ①戴震（1723 – 1777）—心理学理论—思想评论
Ⅳ. ①B84 – 092

中国版本图书馆 CIP 数据核字（2020）第 059453 号

出 版 人	赵剑英
责任编辑	宋燕鹏
责任校对	郝阳洋
责任印制	李寡寡

出　　版	中国社会科学出版社
社　　址	北京鼓楼西大街甲 158 号
邮　　编	100720
网　　址	http：//www. csspw. cn
发 行 部	010 – 84083685
门 市 部	010 – 84029450
经　　销	新华书店及其他书店

印　　刷	北京君升印刷有限公司
装　　订	廊坊市广阳区广增装订厂
版　　次	2020 年 6 月第 1 版
印　　次	2020 年 6 月第 1 次印刷

开　　本	710 × 1000　1/16
印　　张	13. 25
插　　页	2
字　　数	221 千字
定　　价	75. 00 元

凡购买中国社会科学出版社图书，如有质量问题请与本社营销中心联系调换
电话：010 – 84083683

目　　录

第一章

导　论

第一节　选题缘由

戴震（1723—1777），字慎修，又字东原，安徽休宁（今安徽省黄山市屯溪区）人，他"自幼为贾贩，转运千里，复具知民生隐曲"[①]。青年时师从江永。中年时受迫害，到北京等地过了十年颠沛流离的逃难生活。四十岁中举。此后六次参加会试，都未考中。五十一岁，以举人特诏入四库全书馆。五十三岁时，被乾隆赐同进士出身，授翰林院庶吉士。此后致力于《四库全书》的编辑工作，不久因积劳成疾而死。戴震的一生，是坎坷、贫困的一生，是同旧势力、同程朱理学进行不屈抗争的一生，是"不随时俗""实事求是""志存闻道"的一生。戴震堪称我国古代向近代过渡时期思想史上的一颗璀璨之星，是18世纪中国的大学者和大思想家。全面系统地研究戴震的心理学思想，具有重要的理论和实际意义。

其一，戴震在我国心理学思想史上占有重要的地位。戴震是清代乾嘉汉学的创始人之一，为当时皖派所宗。他的知识非常渊博，著作很多，后人编为《戴氏遗书》。他的心理学思想大多集中在他后20年所撰写的《原善》《孟子字义疏证》等13部哲学著作里。其中特别是《孟子字义疏证》一书，三易其稿，撰写时间达12年之久，他自称："仆生平著述，最大者为《孟子字义疏证》一书，此正人心之要"[②]，是"近三百年的哲学杰作"。在心理学思想上，他继承了中国历史上自荀况以来，特别是张

---

① 傅杰编著：《章太炎学术史论集：释戴》，中国社会科学出版社1995年版，第356页。

② 段玉裁：《戴东原先生年谱》，安徽丛书编印处1936年版，第68页。

载以来的唯物主义传统，吸取了当时新兴市民阶层的思想因素和自然科学的某些成果，对程朱理学的客观唯心主义体系进行了全面系统的批判，完成了王夫之未能完成的任务，从而标志着我国古代哲学的终结。或证为此，张岱年称"戴震是中国古典唯物主义最后的大师"。就心理学思想史来说，戴震全面系统地批判总结了中国古代心理学思想史中的人性论思想、认识论思想、情欲论思想，这些问题是中国古代心理学思想的核心内容。经过戴震的批判总结，不仅结束了中国心理学思想史上很多长期争论的问题，而且在"正人心"中又孕育了近代心理学研究的很多内容，如"以理杀人"的口号，吹响了近代心理学思想的号角。蔡元培认为："凡东原学说之优点，有三：（一）心理之分析。……东原始以情、欲、知三者为性之原质，与西洋心理学家分心之能力，为意志、感情、知识三部者同。（二）情欲之制限。……（三）至善之状态。……"① 具体说来，宋明以来的进步思想家都不赞成道学家的理欲之辩，在反对封建禁欲主义的斗争中，形成两种理论倾向。戴震批判地继承了宋明以来进步思想家的理欲观，将理欲统一起来，以"情之不爽失"为理，既反对了道学家的禁欲主义，又扬弃了功利派的个人福利主义，在理论上做出了超越前人的贡献。在人性问题上，戴震一方面继承了颜李学派的传统，以血气心知为人性的本质，同时又批判地吸取了孟子尊重理性的思想，扬弃了功利派的感觉主义，以感性和理性的结合，说明人性的本质，将古代的人性论推向新的水平。

其二，在中国心理学思想史上，戴震的思想处在一个承前启后的位置上。他不但继承和发展了中国传统儒家思想中具有启蒙性质的思想观念，并使之成为自己阐释启蒙思想观念的经典依据和精神土壤，而且又为传统儒家思想注入了新的内容。众所周知，戴震的籍贯是当时著名商帮——"徽商"的发祥地，而他本人又长期生活在商、学兼重的氛围中，这在客观上促成了他启蒙思想的萌生。戴震用理性的眼光反对封建专制，倡导人性解放，对传统的价值体系进行了重新建构，这种思想观念具有重要的启蒙价值和意义。正如侯外庐先生所言，戴震的思想不仅"复活了17世纪清初大儒的人文主义的统绪"，而且还"启导了19世纪的一线

---

① 蔡元培：《中国伦理学史》，东方出版社1996年版，第115—116页。

曙光"①。

戴震的心理学思想构成了中国心理学思想史上的一个重要环节。由于他身处中国社会由古代向近代转折前夜的乾嘉时期，这使得近现代饱受古今中西难题困扰的学人们往往倾向到其学说中去寻找中国社会近世变迁的思想痕迹和启示，所以戴震心理学思想研究在中国心理学思想研究中占有十分重要的地位。

第二节 研究现状

戴震是一个百科全书式的学者。他的学问不仅广博，而且精深。关于戴震及其作品的研究和评价，可以说在其生前就开始了。历经200多年，戴震的许多方面都得到了比较深入的研究，而且研究他的学者，许多都是大师级的人物，这些人物包括章太炎、梁启超、胡适、王国维、钱穆、冯友兰等。他们高屋建瓴的研究，对于我们准确把握戴震思想的精华，起到了很好的引领作用。不过，由于戴震是一个特立独行、个性鲜明的学者和思想家，所以对他的研究历来都充满了争议。

从时间发展上看，近现代对戴震心理学思想的研究大致经历了三个具有不同特点的阶段。

第一阶段：20 世纪 40 年代末之前。

这一时期的跨度较长，也是一个社会动荡与思想激荡并存的时期，集中了早期国内对戴震思想研究的众多知名学者，如姚鼐、段玉裁、章学诚、章太炎、梁启超、胡适、王国维、钱穆、蔡元培等，可以说从戴震在世时开始一直延续到整个新中国成立前期。学者们各自从"清学"的代表人物戴震及其哲学思想的认识与理解出发，对戴震多方面的成就与思想，或概括，或解析，或评价。其中最具代表性的是章太炎、梁启超和胡适，他们从不同侧面深入挖掘了戴震思想的价值。

进入 20 世纪，最早关注戴震思想的当属章太炎。章太炎既是革命家，又是思想家、国学大师，其在著作中多次肯定了戴震反对理学思想的进步意义，先后著有《清儒》《学隐》《说林》《释戴》《菿汉微言》

---

① 侯外庐编著：《中国思想通史（五）》，人民出版社 1956 年版，第 455 页。

等，并推崇说："叔世有大儒二人，一曰颜元，再曰戴震。"①

梁启超是五四以来清代思想史研究的主要开拓者，也是少数能够对清代学术思想史独立做出系统解释的重要理论家，其成就不仅包括许多散篇式的个案研究，还有相当一部分通论性的论述。梁氏认为清代学术思想最突出的特点就是在其《清代学术概论》中所提出的"理学反动说"，而戴震作为清代思想全盛时期的代表人物，"可以代表清学派时代精神之全部"。为此，梁启超先后撰写了纪念戴震二百周年诞辰《戴东原生日二百年纪念会缘起》（下文简称《缘起》）《戴东原先生传》《戴东原哲学》《戴东原著述纂校书目考》等文章和著作，对戴震的哲学思想做了概括，认为戴震的《孟子字义疏证》一书创造性地用"情感哲学"替代了传统"理性哲学"说，可谓"字字精粹"，是三百年间最有价值的奇书，"与欧洲文艺复兴时代之思潮之本质绝相类。……其心愿确欲为中国文化转一新方向。其哲学之立脚点，真可称二千年一大翻案"②。梁启超高度评价了戴震的治学精神、情感哲学以及对封建传统的尊卑观的批判。其在《缘起》文中称戴震为"科学界的先驱者"，高度赞扬了他的"情感哲学"，称他为"哲学界的革命建设家"③。

胡适在梁启超的成就上继续前进，基本上继承了"理学反动说"，并考证了戴震的经历和思想，其代表作有《清代学者的治学方法》《戴东原的哲学》《几个反理学的思想家》《戴震对江永的始终敬礼》等。《戴东原的哲学》④一文长达7万字，集中反映胡适对戴震哲学思想的认识与个人的见解。在他看来，"清朝的二百七十年中，只有学问，而没有哲学；只有学者，而没有哲学家。其间只有颜、李和戴震可算是有建设新哲学的野心"⑤。戴震是反理学运动中最卓越的人物，其反理学兼具了当时"反玄学运动"中建设性作用的两种趋势，即注重实用（强调实用主义，以颜李学派为代表）与注重经学（提倡经学的复兴，以顾炎武为代表），

---

① 傅杰编著：《章太炎学术史论集：说林（上）》，中国社会科学出版社1995年版，第322页。

② 梁启超：《清代学术概论》，东方出版社1996年版，第38—39页。

③ 梁启超：《梁启超全集（七）：戴东原生日二百年纪念会缘起》，北京出版社1999年版。

④ 丘为君：《戴震学的形成》，新星出版社2006年版，第222页。

⑤ 姜义华编著：《中国哲学史（下）：胡适学术文集》，中华书局1991年版，第1040页。

其哲学思想便是这两方面结合的产儿。① 在治学方法上，胡适与戴震一样具有"尊汉贬宋"的特色，不仅注重考据的经验主义倾向，还强调了方法的必要性，即"大胆假设与小心求证"相结合的考证过程，认为宋学带有极大的主观冥想色彩，而汉学则属于客观实证。由此出发，胡适认为戴震与一般清代学者的不同之处就在于戴震的考据名物训诂的最终目的为"明道"，成为一个哲学家。

此外，这一时期戴震研究中较为有名的还有王国维的《论戴、阮两家哲学》《释理》《聚珍本戴校〈水经注〉跋》，钱穆的《戴震》（《中国近三百年学术史》），蔡元培的《戴震》（《中国伦理学史》）等。总的看来，这一时期，戴震的研究经历了兴起与初步的兴盛，而众多国学大师级学者的不懈努力使得戴震思想研究的精华逐步显现。研究主要集中于戴震哲学思想的系统探讨，兼而论及戴震的伦理学、方法学、相关问题考证以及对戴震的评价与历史定位上，这也为后来的戴震研究指引了方向。可以说，这与清末以来，特别是鸦片战争与五四时期中国社会的巨变，各种思潮的涌动与争鸣，西学的引入以及对封建传统学术的质疑与反抗是不无关联的。与此同时，关于戴震的心理学思想，除了汪震1923年10月发表在北京《晨报》副刊上的《中国心理学史上的戴震》之外，几乎未见其他学者的专门论述。这对中国古代心理学思想研究来说未免有些遗憾，但考虑到当时国内心理学科的初步建立及其对西方心理学的关注，也就不难理解了。

第二阶段：20世纪50—70年代中后期。

20世纪50—70年代中后期是戴震研究的第二个阶段，即从中华人民共和国成立伊始到改革开放之前。这一时期，国内的许多科学研究都经历了一次较大的波折。这其中也包括戴震哲学和心理学思想的研究。中华人民共和国成立后，思想观念焕然一新，众多学者开始在新的思想指导下以新的视角研究戴震，心理学界也开始了本学科的建设。但是随着50年代末"左"的思潮风暴掀起以及60年代"文化大革命"的开始，学术研究的性质、内容以及导向等都发生了巨大转变，思想观念的偏激也开始从政治生活蔓延到社会生活的各个领域，各项科学研究或停滞不前或如履薄冰。难能可贵的是，这一时期学者们并没有停止对戴震思想

---

① 胡适：《戴东原的哲学》，商务印书馆1955年版，第4页。

的研究，先后出版和发表了一批有价值的学术著作和论文。

　　具有价值的学术著作很多。如张岱年在《中国唯物主义思想简史》中关于戴震的论述①、周辅成的《戴震——十八世纪中国唯物主义哲学家》②、杨向奎的《戴震》（戴《中国古代社会和古代思想研究》)③、余英时的《论戴震与章学诚——清代中期学术思想史研究》④，期刊文章则有陈玉森的《批判胡适的〈戴东原的哲学〉》、周辅成的《戴震的哲学》和《戴震在中国哲学史上的地位——纪念戴震逝世 280 年》、张德光的《启蒙学者戴东原的唯物论哲学》、明茂的《戴震——伟大的学者和哲学家》、张海鹏的《戴震》、史习的《认真踏实治学的戴震》、孙振东的《论戴震反对理学唯心主义的斗争》和《戴震的认识论和社会伦理观》、吴孟复的《略论戴东原的治学精神》、冒怀辛的《关于戴震哲学思想的评价问题》、屯溪机床厂理论小组的《从〈孟子字义疏证〉看戴震的反儒斗争精神》、徽州地区屯溪镇《戴震哲学选注》编写组的《我国十八世纪法家思想家戴震》等。港台地区也出现一些研究戴震哲学的学术论文，如王觉源的《东原先生哲学之研究》、唐士毅的《姚、戴交恶说辨诬》、韦政通的《东原思想中的一个基本概念："血气心知"之辨析》、林语堂的《论戴东原斥儒理学》、张兴甫《论戴东原的知情合一主义》、史项耘的《戴东原学术思想精义》、刘昭仁的《东原思想研究》。甚至还有国外学者加入到研究戴震的队伍中，如 1956 年第 2 期《文史译丛》刊登的由苏联学者雅·布·拉杜理扎洛图夫斯基撰写、汪淑均翻译的《戴震——中国著名的启蒙派学者》。

　　然而对中国心理学来说，这一时期也是多灾多难的年代，心理学被诬称为"伪科学"，心理研究所和大学的心理学专业被取消，中国心理学自此面临灭顶之灾。在此之前，心理学家们重建心理科学的同时注意到中国传统哲学思想中所蕴含丰富的心理学思想，如李明德在《戴震论人的心理和教育》一文中就初步论述了戴震关于人的独特性、身心关系、

---

① 张岱年：《中国唯物主义思想简史》，中国青年出版社 1957 年版。

② 周辅成：《戴震——十八世纪中国唯物主义哲学家》，湖北人民出版社 1957 年版。

③ 杨向奎：《中国古代社会和古代思想研究》，上海人民出版社 1962 年版。

④ 余英时：《论戴震与章学诚——清代中期学术思想史研究》，香港龙门书店有限公司 1956 年版。

欲情知、才性等心理学思想①，但遗憾的是戴震心理学思想及整个中国古代心理学思想的研究在那之后也随着整个中国心理学被打入冷宫。

　　总的看来，相对前一时期而言，这一时期关于戴震的研究略有增加，但并不丰富。由于缺少前人基于深厚国学功底的系统论述，因而围绕着戴震哲学思想这一主题也没能够突破前人所开创的研究疆界，所探讨的焦点依然大多集中在对戴震哲学的基本原理、观点、治学精神、方法以及历史定位与评价上。另外，关于戴震的研究也被赋予了更多时代特色，如文章或多或少都体现出当时的思想背景，而关于戴震心理学思想的研究在最初的大好形势下也因为时代原因而没有能够展开，着实令人扼腕。

　　第三阶段：20 世纪 70 年代末至今。

　　"文化大革命"之后，国内学术研究迎来了崭新的契机，关于戴震的研究工作也得以深入全面的展开。总的来说，以戴震为对象的研究机构开始建立，研究人员逐渐增多、学术队伍逐步壮大，关于戴震的研究成果也有了前所未有的飞跃，结出了累累硕果。与此同时，动荡的结束、发展的提速以及和谐的回归同样焕发了中国心理学科重建的勃勃生机，心理学专业研究包括中国古代心理学思想史的研究重新充满了活力，开始了新一轮的研究工作。其中，对戴震心理学思想的研究也开始逐步展开，接下来将从两个方面分而述之。

　　第一，戴震研究机构和人员组成方面。1983 年，由戴氏后裔捐屋而建立的"隆阜私立戴氏东原图书馆"被修葺一新，正式命名为"戴震纪念馆"，这可以说是国内全面研究纪念戴震的机构。1986 年 4 月，由原徽州师专、戴震纪念馆等单位在戴震的故乡筹建了国内第一个戴震研究学术团体——"戴震研究会"。同年 5 月，首次戴震学术讨论会在安徽省黄山市召开，并于会后编辑出版了《戴震学术思想论稿》。1999 年，"徽学研究中心"在安徽大学成立，经过教育部审批成为教育部人文社会科学百所重点研究基地之一，戴学作为徽州文化的重要组成部分，也自然成为研究中的重要课题②。

　　研究机构的建立与发展以及研究工作的展开，也伴随着研究队伍的壮大。笔者查阅了大量戴震研究资料，发现著作文集、期刊文章、学位

---

① 李明德：《戴震论人的心理和教育》，《福建师范学院学报》1963 年第 1 期。
② 李红英：《近十五年戴学研究综述》，《安徽史学》2002 年第 2 期。

论文等研究成果涵盖哲学、中文、历史、伦理、美学、心理学等不同专业的学者、教师和学生，这些研究人员的加入，无疑极大地充实了戴震研究的队伍，使得戴震研究成为一时的热点。

第二，研究成果方面。无论是著作书籍，还是期刊杂志上登载的学术文章，各院校硕士、博士学位论文都在质与量上有了跨越性的发展，研究的范围也有所拓宽。

21 世纪以来，出现了大量以戴震为主题的硕士、博士学位论文，比较有代表性的如王艳秋的博士学位论文《戴震重知哲学研究》①，以戴震哲学的"重知"特色为考察对象，分析其产生的原因、背景和表现并探讨它在中国哲学史上的意义；陈徽的博士学位论文《性与天道——戴东原哲学研究》②，对戴东原的义理思想及其相关问题进行了专题性研究；程嫩生的博士学位论文《戴震诗经学研究》③，探讨了戴震的治诗经历、成绩和意义。此外，还有一批硕士学位论文以戴震为研究对象，如张东的《〈孟子字义疏证〉发微》④、戴继诚的《戴震程朱理学批判研究》⑤、仰和芝的《戴震人学思想研究》⑥、周朗生的《戴震伦理思想管窥》⑦、欧阳雪榕的《戴震重知学的传承与转变》⑧、陈多旭的《戴震道德哲学评析》⑨、周玲的《论戴震的自由精神及其意义》⑩、安利丽的《试论戴震的理欲观》⑪、张彤磊的《戴震的儒家经典诠释学思想》⑫、李灿光的《戴震的人性论研究》⑬、彭家国的《戴震人性论》⑭、李少华的《试论戴震义理

① 王艳秋：《戴震重知哲学研究》，博士学位论文，华东师范大学，2001 年。
② 陈徽：《性与天道——戴东原哲学研究》，博士学位论文，复旦大学，2003 年。
③ 程嫩生：《戴震诗经学研究》，博士学位论文，浙江大学，2005 年。
④ 张东：《〈孟子字义疏证〉发微》，硕士学位论文，中共中央党校，2001 年。
⑤ 戴继诚：《戴震程朱理学批判研究》，硕士学位论文，华南师范大学，2002 年。
⑥ 仰和芝：《戴震人学思想研究》，硕士学位论文，湘潭大学，2002 年。
⑦ 周朗生：《戴震伦理思想管窥》，硕士学位论文，云南师范大学，2003 年。
⑧ 欧阳雪榕：《戴震重知学的传承与转变》，硕士学位论文，河南大学，2004 年。
⑨ 陈多旭：《戴震道德哲学评析》，硕士学位论文，安徽大学，2004 年。
⑩ 周玲：《论戴震的自由精神及其意义》，硕士学位论文，西南师范大学，2005 年。
⑪ 安利丽：《试论戴震的理欲观》，硕士学位论文，山西大学，2005 年。
⑫ 张彤磊：《戴震的儒家经典诠释学思想》，硕士学位论文，西北大学，2005 年。
⑬ 李灿光：《戴震的人性论研究》，硕士学位论文，南昌大学，2006 年。
⑭ 彭家国：《戴震人性论》，硕士学位论文，安徽大学，2007 年。

之学》① 等。总体而言，还没有一篇关于戴震心理学思想方面的学位论文。

戴震研究成果的主要形式是学术论文。在中国期刊网中以"戴震"与"戴东原"为检索词检索"篇名"项，从 1979 年至今约有 320 篇文章，研究内容也基本涵盖了戴震的各个方面。如金忠明的《戴震与实学教育思潮》②、凌云和敬元沐的《浅论戴震的治学思想》③、杨世文的《论戴震复兴儒学的努力》④、曾亦的《戴震对宋明新儒学的误读及其思想的时代意义——兼对心之诸能力的阐发》⑤、施扣柱的《戴震人性论发微》⑥、吴根有的〈分理与自由——戴震伦理学片论》⑦ 以及《言、心、道——戴震语言哲学的形上学追求及其理论的开放性》⑧、胡贤鑫的《知即性——戴震人性学说的理性论特点》⑨、王杰的《戴震义理之学的历史评价及近代启蒙意义》⑩、娄毅的《从方法论看戴震的训诂研究》⑪、徐道彬的《戴震早期哲学思想再认识——以〈屈原赋注〉为中心的考察》⑫、徐玲英的《论戴震的治学方法》⑬ 等。

令人欣喜的是，这一时期研究者也开始关注戴震心理学思想的研究，并在一些重要期刊上发表了关于戴震心理学思想的文章，如韦茂荣的《试论戴震的心理学观点》⑭、赵士孝的《戴震论人、物的起源和人、物

---

① 李少华：《试论戴震义理之学》，硕士学位论文，安徽大学，2007 年。
② 金忠明：《戴震与实学教育思潮》，《孔子研究》1994 年第 4 期。
③ 凌云、敬元沐：《浅论戴震的治学思想》，《安徽史学》1995 年第 4 期。
④ 杨世文：《论戴震复兴儒学的努力》，《孔子研究》1996 年第 3 期。
⑤ 曾亦：《戴震对宋明新儒学的误读及其思想的时代意义——兼对心之诸能力的阐发》，《孔子研究》1995 年第 2 期。
⑥ 施扣柱：《戴震人性论发微》，《史林》1998 年第 2 期。
⑦ 吴根有：《分理与自由——戴震伦理学片论》，《哲学研究》1999 年第 4 期。
⑧ 吴根有：《言、心、道——戴震语言哲学的形上学追求及其理论的开放性》，《哲学研究》2004 年第 11 期。
⑨ 胡贤鑫：《知即性——戴震人性学说的理性论特点》，《江汉论坛》2001 年第 11 期。
⑩ 王杰：《戴震义理之学的历史评价及近代启蒙意义》，《文史哲》2003 年第 2 期。
⑪ 娄毅：《从方法论看戴震的训诂研究》，《河北大学学报》2006 年第 1 期。
⑫ 徐道彬：《戴震早期哲学思想再认识——以〈屈原赋注〉为中心的考察》，《安徽大学学报》2007 年第 2 期。
⑬ 徐玲英：《论戴震的治学方法》，《安徽大学学报》2007 年第 4 期。
⑭ 韦茂荣：《试论戴震的心理学观点》，《心理学报》1981 年第 4 期。

智力差别的产生》①、燕国材的《戴震心理思想的基本观点》② 与《戴震论认识与情欲》③ 等，这些文章都是以戴震的心理学思想为主题的。在潘菽的《中国古代心理学思想刍议》④、汪凤炎的《关于中国古代的人贵论》⑤、燕国材的《我国古代人性论的心理学诠释》⑥ 等文章中提到了戴震的某些心理学观点。

改革开放 40 多年来，仅戴震著作集就先后整理出版过《戴震集》⑦《戴震文集》⑧《戴震全书》⑨《戴震全集》⑩ 等。研究戴震较有影响力的著作还有很多，如安正辉的《戴震哲学著作选注》⑪、王茂的《戴震哲学思想研究》⑫、戴震研究会的《戴震学术思想论稿》⑬、李开的《戴震评传》⑭、周兆茂的《戴震哲学新探》⑮、申笑梅与张立真的《独树一帜——戴震与乾嘉学派》⑯、许苏民的《戴震与中国文化》⑰、蔡锦芳的《戴震生平与作品考论》⑱、丘为君的《戴震学的形成》⑲、徐道彬的《戴震考据学研究》⑳ 等。而在毛礼锐、瞿菊农、邵鹤亭合编的《中国古代教育史》㉑

---

① 赵士孝：《戴震论人、物的起源和人、物智力差别的产生》，《郑州大学学报》1986 年第 6 期。

② 燕国材：《戴震心理思想的基本观点》，《心理学报》1987 年第 3 期。

③ 燕国材：《戴震论认识与情欲》，《心理学报》1987 年第 4 期。

④ 潘菽：《中国古代心理学思想刍议》，《心理学报》1984 年第 2 期。

⑤ 汪凤炎：《关于中国古代的人贵论》，《心理学动态》1999 年第 2 期。

⑥ 燕国材：《我国古代人性论的心理学诠释》，《上海师范大学学报》2008 年第 1 期。

⑦ 《戴震集》，汤志红点校，上海古籍出版社 1980 年版。

⑧ 《戴震文集》，赵玉新点校，中华书局 1980 年版。

⑨ 杨应芹、诸伟奇编著：《戴震全书》，黄山书社 1994—1995 年版。

⑩ 《戴震全集》，清华大学出版社 1991—1999 年版。

⑪ 安正辉选注：《戴震哲学著作选注》，中华书局 1959 年版

⑫ 王茂：《戴震哲学思想研究》，安徽人民出版社 1980 年版。

⑬ 戴震研究会：《戴震学术思想论稿》，安徽人民出版社 1987 年版。

⑭ 李开：《戴震评传》，南京大学出版社 1992 年版。

⑮ 周兆茂：《戴震哲学新探》，安徽人民出版社 1995 年版。

⑯ 申笑梅、张立真：《独树一帜——戴震与乾嘉学派》，辽宁人民出版社 1997 年版。

⑰ 许苏民：《戴震与中国文化》，贵州人民出版社 2000 年版。

⑱ 蔡锦芳：《戴震生平与作品考论》，广西师范大学出版社 2006 年版。

⑲ 丘为君：《戴震学的形成》，新星出版社 2006 年版。

⑳ 徐道彬：《戴震考据学研究》，安徽大学出版社 2007 年版。

㉑ 毛礼锐、瞿菊农、邵鹤亭编：《中国古代教育史》，人民教育出版社 1983 年版。

以及冯友兰主编的《中国哲学史新编》① 等教育学与哲学著作中也提到了戴震。总的看来，这些著作都是以戴震的哲学思想为主，虽然或多或少涉及戴震的心理学思想，但都没有进行全面的论述。

著作中最能够集中反映戴震心理学思想的莫过于中国心理学史的有关教材，但介绍的内容并不是很多。如高觉敷的《中国心理学史》②、杨鑫辉的《中国心理学思想史》③、燕国材的《中国心理学史》④、杨鑫辉《心理学思想史》⑤、燕国材的《心理学思想史》⑥ 等。

综合以上三个阶段来看，关于戴震心理学思想的研究表现出三个"不相称"和三个"不足"。第一，戴震心理学思想研究的已有论述与戴震著作中丰富的心理学思想、观点不相称，关于戴震心理学思想的系统论述不足。第二，戴震心理学思想的研究与其哲学思想的研究不相称，其中对戴震心理学思想的重要性认识不足。第三，戴震心理学思想的研究与戴震在中国心理学思想史上的地位不相称，关于戴震在心理学思想史上的地位及其影响认识不足。因此，本书可以推动国内对戴震心理学思想的研究。

第三节 研究目标与研究方法

一 研究目标

如何从戴震的著作以及二手文献资料中概括和提炼戴震的心理学思想，如何在戴震心理学的科学观、基本理论、具体问题、分支学科、现代影响上挖掘戴震的思想，如何对戴震心理学思想进行总体评价，如何揭示戴震心理学思想对中国心理学发展的启示，这些都是本书要解决的关键问题。

本书的研究目标主要有以下几个方面：第一，在整个中国心理学的历史和发展背景中，在全面梳理戴震心理学核心思想的基础上，从戴震

---

① 冯友兰主编：《中国哲学史新编》，人民出版社 1989 年版。
② 高觉敷主编：《中国心理学史》，人民教育出版社 1985 年版。
③ 杨鑫辉：《中国心理学思想史》，江西教育出版社 1994 年版。
④ 燕国材：《中国心理学史》，浙江教育出版社 1998 年版。
⑤ 杨鑫辉：《心理学思想史》，山东教育出版社 2000 年版。
⑥ 燕国材：《心理学思想史》，湖南教育出版社 2004 年版。

的著作和研究工作中提炼和概括出戴震的心理学思想。第二，探讨戴震心理学思想对中国心理学发展的影响，并阐释戴震心理学思想的当代启示，揭示戴震留给我们的心理学遗产。

二　研究方法

本书的研究方法主要是文献与历史分析法、理论与逻辑分析法。由于戴震是两个世纪前的人物，他的心理学思想蕴含在他的著作中。因此，通过戴震的著作来理解戴震的心理学思想，是一种十分有效的研究方法。笔者的基本做法是，首先要沉潜到戴震的著作文本中去，把重点放在文本解读的细致工作上，力图实现对戴震心理学思想的某种穿透，从而使戴震心理学思想清晰地凸显出来。

历史研究不仅要发掘心理学人物思想的原本面目，更要阐发他所蕴含的意义。本书试图在这样的历史研究中，发掘戴震心理学思想所蕴含的潜在力量，揭示其影响的当代意义，并在这种着眼于现在和未来的历史研究中，加深对戴震心理学思想的理解。因为我们相信，"历史的记载是可以追溯的，了解历史可以通过它的前因，也可以通过它的后果"。本书把戴震心理学思想的前因与后果有机地结合起来，统一在历史本身的过程之中，并通过"瞻前顾后、左顾右盼"的比较，来揭示戴震的心理学思想，这样，将有助于产生一种更为全面、更为客观的研究结果。

"在历史中阐释，在阐释中创新"是本书坚持的方法论。本书旨在从中国心理学思想发展的背景去诠释戴震的心理学思想，这就要求笔者对戴震心理学思想首先能"入乎其中"，同时又要"出乎其外"，否则，就只能"照着讲"，不能"接着讲"。本书将采用理论与逻辑分析法，遵循史论结合的原则，结合当今心理学发展的现状，考察戴震的心理学思想对当前心理学工作的启示。

第四节　研究内容与研究结论

一　研究内容

第一章为导论，主要阐述了戴震心理学思想研究的选题缘由，回顾了与戴震有关研究的主要成果和发展进程，概述当前戴震心理学思想研究的现状，并在对研究的目标、方法、主要内容及研究结论等进行简要述说的基础上总结出戴震心理学思想研究的不足之处和本书的创新点。

第二章叙述了戴震心理学思想的形成背景。在心路历程部分，通过对戴震早年经历、拜师求学、京州生涯以及晚年辉煌四个部分的论述，回顾了戴震坎坷曲折、自强不息的短暂人生。我们认为，任何一个人的思想，都必然与其人格、与其家庭、与其人生体验有着内在的联系，戴震也不例外。戴震的家庭背景以及生活经历造就了戴震的心理学思想。在思想形成的来源部分，探讨了戴震心理学思想形成的时代背景和思想背景。戴震的心理学思想是当时社会时代精神的产物。中国当时特殊的时代背景，为戴震的心理学思想提供了广阔的社会历史背景和丰富的现实内容。在思想来源上，戴震受到了中国古代甚至外国众多学者的影响。本书着重探讨了中国古代学者及其思想对戴震的影响。我们可以看出，戴震的心理学思想是对中国古代众多学者思想精华的继承、发展和创新，与中国古代众多心理学思想是一脉相承的，有着中国自身的特色。正是戴震这种博采众长、敢于创新的人格品质，使得他的心理学思想呈现多元化趋势。

第三章从心理对象观、心理实质观、心理发展观、心理差异观以及心理功能观五个方面论述了戴震心理学思想的基本观点。在心理对象观上，戴震的心理对象观中沿袭了古人对各种心理学问题的关注和思索，特别是对"人性"的论述。本书着重从认知、情欲、人格等几个方面简要剖析了戴震的心理对象观。在心理实质观上，戴震在对我国古代心与身、形与神的众多见解进行总结概括的基础上，对于什么是心理的实质提出了与前人不同的，与其唯物世界观相应的心理实质观。戴震认为人的心理的实质、心理的本体是"血气"。在反对老、庄、释氏的"分血气心知为二本"（可称为二本论）的观点的同时，明确地提出了"有血气则有心知"的一本论思想。即血气（形体，客观存在的物质）是心理活动（知、情、欲）的物质基础，而各种心理现象则是血气活动的必然结果。在心理发展观上，戴震主要论述了他对个体认知和社会性发展的观点。认知发展观主要体现在他对认识的产生和发展以及对"智"的看法上，而社会性发展观主要体现在他的人性思想上。在心理差异观上，戴震论述了人与动物的心理差异以及人与人之间的心理差异。在心理功能观上，戴震主要论述了认知、情欲以及智力的功能，强调了人的各种心理活动、心理现象在认识和驾驭客观事物，让客观事物为人的意志服务这一过程的积极作用，也突出了人在认识客观事物时的主体性作用。

第四章主要论述了戴震的认知心理思想。戴震将人的认识过程分为两个阶段和三个层次，即把认知分为"感知"和"心知"两个阶段，"心知"又分为"精爽"和"神明"两个层次，并对认知的机制、认知的特征以及认与知的关系做出了自己的阐述。另外，戴震认为智能是在"才"的基础上形成和发展起来的，既强调智能的先天基础论，也充分肯定后天的作用，并将智的功能归纳为尽道、处事、通德、择善四个方面，并对智能与才、学的关系进行了阐述。最后，对戴震的认知心理思想所产生的影响进行了论述。

第五章主要论述了戴震的人格心理思想。戴震在继承前人的基础上，在批判程朱理学鼓吹"理正欲邪""存理灭欲"的同时，指出人的欲望、需要和人的认识、情感一样，都是自然赋予人的合理东西。戴震在强调欲望的合理性、充分肯定欲望的作用的同时，提倡对欲望的节制。戴震认为情绪情感过程与需要是紧密相关的，情绪情感的产生是以需要为基础，并且会因为需要是否得到满足而表现为不同的形式。关于人格的特征，戴震提出了"人贵论""差异观"和"发展观"，认为人格具有差异性、发展性和统合性的特征。在论及人格差异性的"差异观"中，戴震进一步探讨了人格的成因，认为人格形成过程中是受先天的"不齐"和后天的"得养不得养"的共同影响的。最具特色的是戴震关于理想人格的论述，他认为具有理想人格的人应当是"仁且智"者，即"仁"和"智"的和谐统一。最后，对戴震的人格心理思想所产生的影响进行了论述。

第六章主要论述了戴震的教育心理思想。在戴震的教育心理思想方面，详细论述了戴震的学习心理思想、教学心理思想以及教师心理思想，特别阐述了戴震平民教育思想以及对后期的影响。学习心理思想分别从学习的内容、学习的任务以及学习的方法分述之；教学心理思想则从教学目的、教学目标、教学对象、教学内容、教学过程以及教学方法等方面进行阐述；教师心理思想从一名好老师应该具备的基本心理品质引申开来。

第七章主要论述了戴震的品德心理思想。戴震的品德心理学思想主要在其道德思想和道德教育思想中体现出来。本书分别从戴震的道德本质论、道德心理论、道德价值论以及影响进行了详细的论述。一方面，戴震否定程朱理学的"性即理"，否定天赋道德伦理，肯定道德伦理是"心知"的扩充。从人的"心知"具有向善潜能的意义上，他肯定了"性善"。戴震把品德修养置于人性得以完善的关键地位，视为决定因素。另一方面，戴震强调道德主体的自觉性和主观能动性。他认为人应该积极主动地进行道德修养，决不能放纵欲望。

第八章对戴震心理学思想进行了评价。首先论述了戴震的历史地位，并从戴学的维护与传承以及戴学的发展与复兴分述之，说明戴震在中国思想史上的重要地位。其次论述了戴震心理学思想的贡献，并从四个方面分述之。再次探讨了戴震心理学思想的局限性，包括思想有理论体系不健全、研究方法未展开、应用研究较缺乏等。最后提出了坚持以马克思主义为指导，强化心理学人性化；客观认识古代心理学思想，促进心理学本土化；合理扬弃古代心理学思想，推动心理学实用化等对中国心理学发展的启示。

二　研究结论

戴震的心理学思想植根于中国传统历史与文化，具有理论的基础性、思想的民族性和时代的传承性。在中国心理学发展的历史进程中，戴震在认知心理、人格心理、教育心理、品德心理和研究方法等诸多方面都创造性地阐发了自己独到的见解，其理论和方法对今天中国本土心理学的研究产生了深远的影响。本书对戴震心理学思想进行了全面建构，为中国传统文化与现代心理学的有机融合奠定了基础，对现代心理学的人本主义思想、人格理论、唯物认知论、实证方法论、教育思想、德育思想等具有重大的历史意义和价值。戴震坚持了唯物辩证的心理学观点，提出了人本主义思想的人性论，创立了实证特色的方法论体系。但戴震的心理学思想在理论体系、研究方法和实践应用上存在不足之处。戴震的心理学思想对中国心理学发展的启示：（1）坚持以马克思主义为指导，强化心理学人性化；（2）客观认识古代心理学思想，促进心理学本土化；（3）合理扬弃古代心理学思想，推动心理学实用化。

第五节　研究创新与不足

本书创新主要表现在：其一，一是选题创新。本书是国内第一次对戴震的心理学思想进行系统的研究。鉴于国内学者对戴震心理学思想缺乏深入研究，而且有关著作中对戴震心理学思想的论述也不全面，本书有助于加深我们对戴震心理学思想的理解，有助于激起国内学者对戴震心理学思想进行更全面、更深入、更丰富的研究。

二是研究内容创新。本书对戴震心理学思想的形成背景、基本观点、具体思想及其影响和启示进行了全面的梳理与建构。本书在戴震的全部著作和研究工作中来阐释戴震的心理学思想，并揭示其当代意义。具体来说，本书从心理对象观、心理实质观、心理发展观、心理差异观以及心理功能观五个方面论述了戴震心理学思想的基本观点，在此基础上，梳理并阐释了戴震的认知心理、人格心理、教育心理以及品德心理等方面的基本思想和历史影响。

三是研究观点创新。本书认为戴震的心理学思想是建构在其坚实的人本思想之上的，特别是他对"人性"的理解尤其具有启发意义。本书对戴震心理学思想进行了全面建构，为中国传统文化与现代心理学的有机融合奠定了基础，对现代心理学的人本主义思想、人格理论、唯物认知论、实证方法论、教育思想、德育思想等具有重要的历史意义和价值。

本书不足表现在：其一，受本人学术背景和理论水平的限制，也由于戴震心理学思想的博大精深，对戴震心理学思想的分析还不够透彻。其二，由于时间限制，有些研究资料还没有进行更深层次的挖掘。其三，本书将戴震心理学思想的影响与当前心理科学的发展，特别是人本主义心理学观点、方法相结合的力度还不够。

第二章

戴震心理学思想的形成背景

戴震是清代中叶学术思想史上的一个高峰，作为清代学术的集大成者，他在学术上继往开来，思想上垂范后昆。他全面批判程朱理学，建立了一个从本体论到认识论再到伦理学严整的思想体系，继承了晚明以来，特别是清初诸大师的学风，进一步以科学的方法整理和总结中国古代文化、"坐集千方之智"的事业推向前进。可以肯定地说，戴震称得上是屹立于清代学术史上最鲜明肃穆的纪念碑。

任何一个人的思想，都必然与其人格、家庭、人生体验以及时代背景有着内在的联系。从某种程度上说，是戴震的家庭背景、生活经历以及生活的时代，即18世纪的政治、经济以及自然科学的发展状况造就了戴震的心理学思想，其思想是其生命或生活的一种创造，是其自我人格的展现，更是一个时代的文化缩影。因此，回顾一下戴震的人生道路和学术历程，对于我们理解他成名于世的心理学思想是大有裨益的。

第一节　心路历程

一　早年经历

1724年1月19日，安徽休宁隆阜（今安徽省黄山市屯溪区），戴震应雷而生，所以他的父亲戴弁给他取名叫"震"，寓意成就非凡，听起来倒是与《封神榜》里雷震子有着异曲同工的意味。戴氏这个家族，渊源颇深，可追溯至上古春秋时期的宋国贵族戴公，到了南宋的时候，家族支派繁衍，人丁兴旺。然而到了戴弁这一代，却已经是族系单寒，家境比较贫寒了。戴弁以贩布为生，家中只能维持温饱，而身为长子的戴震就出生在这样一个徽商家庭。

　　戴震，字慎修，又字东原，"生十岁乃能言"①，在今天看来可以说属于"大器晚成"型。小时候，戴震上的是私塾，读的是朱熹的《四书章句》。他博闻强识，敏而好学，"就傅读书，过目成诵，日数千言不肯休"②。善疑好问的戴震对疑问直接深入，层层穷追，"师无以应，大奇之"③。戴震儿时"日数千言不肯休"的开发早期智力的语言功夫和善疑好问、非水落石出不肯罢休的思维形态，或许已经包含后来巨大成功的逻辑因子。④ 从某种角度来说，戴震这种"打破沙锅问到底"的精神气概与他身处商人家庭那种自由的家教气氛是分不开的。试想，如果戴震生于一个门庭森严、科举至上的八股之家，在面对尊长时"毕恭毕敬""如坐针毡"，那么小戴震那种新奇好问的幼芽自然就荡然无存，又何来以后一代宗师的治学严谨、探究求深。关于戴震这种深攫探究的精神，梁启超蔚然称之，"此种研究精神，实近世科学所赖以成立，而震以童年具此本能，其能为一代学派完成建设之业固宜"⑤。看来，远在戴震少年的时候，造就其后来非凡成就的逻辑因子就已经在他身上窥见一斑了。

　　大约十七岁的时候，戴震就已经立志闻道，着手探求中国文化的本源，"谓非求之六经、孔孟不得，非从事于字义、制度、名物，无由以通语言"⑥。于是，戴震埋头于《说文解字》《尔雅》《方言》以及《十三经注疏》等书，致力于语言文字的研究，力求把中国文字的每一个字义都弄清楚，常沉醉不能自己。天道酬勤，倾心研究使戴震"由是尽通前人古义"⑦，收获颇丰。对于一个少年来说，戴震对中国古代经典文化的素养和造诣，已经达到了相当高的水平，就连当时的八股先生都难以望其项背。正是由于戴震"尽通前人古义"，所以在提出自己的重要思想"理欲观"时，才能断然指出程朱理学之所以最终得出"存天理，灭人欲"的错误结论，乃是对古文"理"字的误解。毋庸置疑，对于戴震来说，这段经历是一笔宝贵的精神财富，对其后期的心理学思想、学术研究乃

---

①　张岱年主编：《戴震全书（七）》，黄山书社 1997 年版，第 4 页。

②　同上。

③　同上。

④　李开：《戴震评传》，南京大学出版社 1992 年版，第 11 页。

⑤　《戴震全集》，清华大学出版社 1991 年版，第 358 页。

⑥　《戴震文集·附录》，赵玉新点校，中华书局 1980 年版，第 217 页。

⑦　张岱年主编：《戴震全书（七）》，黄山书社 1997 年版，第 30 页。

至最终思想理论的形成，都起着十分重要的基础作用，使戴震受用终生。

十八岁时，戴震开始跟随父亲经商，四处奔走，其间足迹遍及江西、福建、南京等地。在这过程中也间或"课学童"，可谓经商教书两不误。三年亦商亦儒的生活，让戴震视野开阔，阅历丰富，见识广远，对民间疾苦了解较多，言谈举止中自是比同龄人多出几许干练与沧桑。对于戴震来说，这段经历同样是一笔宝贵的财富。在此过程中，戴震在更大程度上了解到民间百姓的生存状况，对普通百姓的疾苦了解更加详细，这使得他对"人"有了更深一层次地理解，为其后期以人为本的心理学思想的形成埋下了伏笔。

二　拜师求学

大约二十岁的时候，在歙县紫阳书院里，戴震结识了前来讲学的著名经学大师江永，"一见倾心"后，戴震拜其为师。江永，字慎修，婺源人，与戴震是徽州同乡。"治经数十年，精于三礼及步算、钟律、声韵、地名沿革，博综淹贯，岿然大师"[1]，可谓是开清代皖派经学研究之风气的重量级人物。巧的是他们的字竟然都是"慎修"，为了表示对老师的尊重，戴震特意把自己的字"慎修"改成了"东原"。戴震拜江永为师的时候，江永已经六十三岁。但是年龄的差距并没有让彼此感到疏远，反而是共同的志趣和理想将他们紧密地联系在了一起，二人欣然成为忘年交，师生二人亦师亦友，教学相长。当时与戴震一起师从江永的还有郑牧、汪肇龙、程瑶田、金榜等人，他们都是戴震的"同志密友"。正是戴震这群青少年时代的同学兼朋友，在学术上给了戴震以强烈的影响，再加上江永的指点，戴震原本颇有根底的学问完全成熟，他开始高屋建瓴地考虑贯通群经的内在逻辑，从而开始他的学术发轫期。

自二十岁结识江永先生后，戴震的学问越做越大。二十二岁到二十七岁之间，写成《筹算》一卷、《六书论》三卷、《考工记图注》、《转语》二十章、《尔雅文字考》十卷，几乎是一年写一本书，这些书本质上是光大朱熹学术精神的，思想上都与江永有着密切的联系。另外，在江、戴的师友交往中，江永那种"读书好深思"的治学态度深深影响了戴震。

---

① 张岱年主编：《戴震全书（七）》，黄山书社1997年版，第89页。

不仅如此，笔者认为，江永的那种"平等""民主"的思想对其影响更大。这在戴震《答江慎修先生论小学书》中表露无遗。当时江永误把转注看作字义的引申，针对老师的误解，戴震以书信的方式向老师表达了自己的意见。江永接到书信后，对戴震大加赞赏。这种尊重学术、尊重个体的平等精神，无疑对戴震以人为本的心理学思想的确立起到了一定的促进作用。

虽然戴震在学术上取得了很大成就，但是功名却始终与他无缘。直到二十九岁那年，戴震被补为休宁县学生。原因在于清代沿用明制，即用八股科举选拔人才，而选拔之人又大多是一些浅学庸陋之人，考取功名谈何容易。但是，考取秀才又是那个时代读书人得到社会承认的第一块敲门砖。极具讽刺意味的是，戴震却偏偏做了个补学生。戴震这样的大学者，竟然连一个秀才都考不上。更可笑的是，曾经有考官要名重京师的戴震自称出自他的门下，以沽名钓誉，并以此作为筹码，要胁戴震这样才有可能通过考试。由此可见，当时选拔人才的制度是"百害而无一利"的，当时的官场风气是"人吃人"的，从而充分体现当时官场人性的黑暗与丑陋。对于戴震这样的"狂士"来说，其内心受到的冲击可想而知，对于人性的理解想必会更加深刻。

戴震三十岁那年，休宁大旱。"家中乏食，与面铺相约，日取面屑为饔飧，以其时闭户著屈原赋注。"①为生计所迫而落到如此地步，但却不忘自身的学术研究，可以说"贫贱不能移"的精神在戴震身上得到了最充分的体现。"天将降大任于斯人，必先苦其心志，劳其筋骨，饿其体肤"，这正是一种"中华民族脊梁"的硬骨头精神。正是这种精神，一直支撑着戴震去追求他的精神理想。同年夏天，在离开了紫阳书院以后，戴震年少时的好友出现并发挥了关键作用。程瑶田是戴震在二十八岁赴试落第时结交的朋友。正是由于程瑶田的极力推荐，戴震才能得到歙西大商人汪梧风的聘请，至家中课其子，即今天的家教，授课地点就在皖派经学家的活动中心——不疏园。这个不疏园是身为富商的汪梧风在自己家中专门置办的教学中心，园内藏书丰富，作为邀请五湖四海的学者前来讲学之用。曾经前来讲学的有汪中、郑希虎、黄仲，后有江永、程瑶田、汪肇龙、方希原、金榜等。一时间，不疏园内虎踞龙盘，名士云

---

① 张岱年主编：《戴震全书（七）》，黄山书社1997年版，第98页。

集。在如此浓厚的学术氛围中，戴震如鱼得水，终日全身心致力于学术研究，《诗补传》《屈原赋注》等著作都是在这一时期先后完成的。在戴震的影响与带动下，乾嘉时期，形成了以戴震为中心，由戴震及其友人、学生、崇拜者所组成的治学方法及特色相类似的经学派别——皖派，具有重要的意义。值得一提的是，正是在类似宽松、自由与平等的氛围之中，戴震才如鱼得水，在学术上取得不凡成就的同时，也感受到了美好人性的重要性。

坎坷曲折的求学经历注定了戴震心理学思想的多元化。师从江永，与江永的忘年之交，巩固了戴震以"理"为主的教育思想。然而，八股科举取士限制了人性的发展，不疏园的授课经历充分体现了自由与平等的重要性，这些都对戴震的心理学思想产生一定的影响。

三　京州生涯

性格决定命运。由于戴震是一位狂士，所以他注定要遭到社会的迫害。三十二岁那年，为躲避休宁戴氏大家族中的豪强地主勾结地方官府对他的迫害，戴震迫不得已逃往京城。避仇入京这件事成为戴震一生学术生涯乃至仕途生涯的转折点。

当时的北京是清王朝专制统治的权力中心，那里推崇的是道德教化，向人们宣传的是"正人心以端风俗"，教育百姓的是"存天理，灭人欲"，人性受到严重的压抑。此时的戴震由于只身仓皇逃入北京，除随身携带的几本著作之外，连行李衣物都没有准备齐全，"策蹇至京师，困于逆旅，食粥几不继，入皆目为狂生"[1]，一时间处境窘迫，狼狈至极。然而，天无绝人之路，戴震与钱大昕的结交使事情得以峰回路转，同时戴震也得以绝处逢生。当时的钱大昕刚考中进士并特改翰林院庶吉士，就住在北京的寓横街。有一天，戴震带着自己的书稿前去拜会，两人谈了整整一天，钱大昕在极度赏识下竟赞叹戴震为"天下奇才也"[2]。此后，钱大昕便联合友人为戴震广为宣传。钱大昕有意的大力提携很快就让"独在异乡为异客"的戴震崭露头角，名动京师，"于是海内皆知有戴先生

---

① 张岱年主编：《戴震全书（七）》，黄山书社1997年版，第12页。

② 同上。

矣"①。名门之士争相与戴震交往，就连当朝著名文人学士纪昀、朱筠、王鸣盛、翁方纲等都纷纷降低自己的身份，前去拜访这位寒酸的落难穷才，无不赞赏其才华。戴震博览群书，通晓古今，但却自尊自爱，平等论学。他身上所折射出来的谦逊、质朴的品质和追求真理的精神以及深思高举、强识锋辩的态度，都给人留下了深刻印象，这些也正是京城名门之士乐于和戴震交往，并且折节求教的根本原因。在戴震最落魄的时候，这些名门之士不仅没有嫌弃、排挤他，而是纷纷前去与之交往，折节求教，使得"无不知有东原先生"。正是他们这种"敬才""爱才""求同存异"的气度，与当时京城弥漫的"存天理，灭人欲"，对人性的极度压抑形成鲜明对比，让戴震充分感受到人性自由的重要性。

　　三十三岁那年，戴震作为一名家庭教师，寄居在纪昀家中。戴震一边教书，一边从事学术研究。在京城期间，由于经过前期的积累蕴蓄，戴震的学术思想和治学方法都已渐趋成熟，于是戴震前期的第二次著作高潮终于到来。《周礼太史正岁年解》两篇和《周髀北极·玑四游集》等数篇旅京产物就是最好的证明。在与纪昀相处的那段时间里，戴震早年的一部传世名作《考工记图》完成了初稿。纪昀看完后极为欣赏，除为其出资刊刻外，还亲自为该书作序。纪昀在序中说："戴君语余曰……今再遇子奇之，是书可不憾矣。"② 通过这篇序言可以看出，以纪昀当时的地位和声望，用浩然褒扬的笔意向天下人介绍戴震，为戴震仗义执言，这不仅是对戴震的极大肯定，更是在无形中为"小人物"戴震提供了巨大的精神支持。毫无疑问，对于纪昀，戴震满怀敬意、感激涕零。这也在无形中影响了戴震的为人哲学——与人为善、乐善好施。

　　此时的戴震正是意气风发，满腔憧憬与抱负。他以才学名动京师，那么参加科举考试并高中似乎是顺理成章的事。然而，结果却又一次事与愿违。至于名落孙山的原因，在传统的观念看来，戴震是一位狂士，由于看不透"残酷"的现实，让他没有适应当时的"中国国情"。马克思曾说过："人的本质并不单是个人所固有的抽象物，在其现实性上，它是一切社会关系的总和。"③ 而中国传统社会又是一个充斥着各种"人情关

---

① 张岱年主编：《戴震全书（七）》，黄山书社1997年版，第14页。
② 同上书，第177页。
③ 《马克思恩格斯选集（一）》，人民出版社1995年版，第12页。

系网"的社会。要想抛开错综复杂的"人情关系网",依靠自身的真才实学来成就一番事业,其难度犹如登天。正如前面所提到的,考官"欲令出门下",以沽名钓誉,可戴震偏是一个刚正不阿的人,结果可想而知。才高八斗的戴震无奈地败在官场的人情关系网上,可悲可叹。世态炎凉,虽然周围杂草丛生,但是戴震执意要做那白芷,最终还是逃脱不了"秋闱落第子,天涯断肠人"的命运。最为讽刺的是,考官不录取戴震的理由竟然是"不知避忌",这个看似冠冕堂皇的理由,却是个绝妙的讽刺,时刻提醒着戴震身处一个怎样的社会。这是一个长者以"理"责幼、尊者以"理"责卑、贵者以"理"责贱,纵然无理也有理,而幼者、卑者、贱者纵然有理也无处可诉的社会。这种所谓的"天理",压制人的一切欲望,限制人的一切自由,将人变成"行尸走肉"。因此,乡试落第又是意料之中的事。这次惨痛的打击,让戴震失望至极。同时,残酷的现实也让他充分认识到程朱所谓的"存天理,灭人欲"的危害性,这些都为戴震建立自身的人性论提供了一定的内在动力。

三十五岁那年,心灰意冷的戴震离开北京,南下至被誉为"淮左名都,竹西佳处"的扬州。地处长江三角洲经济富庶地区的扬州,自古繁华,至明清时代已经是当时中国商品经济最发达的地区。这里华灯照宴,车水马龙,名士云集,新兴的文化气息一片盎然。值得一提的是,当时在扬州有一位热心于文化事业的人,那就是淮盐都转运使卢见曾。由于他热心提倡文化事业,爱才好客,所以全国各地的名人贤士云集于此。正是经卢见曾的介绍,戴震与已经六十岁的一代巨擘惠栋相识。与惠栋的相见,是戴震人生道路上的一件大事,可以说是戴震人生道路和学术生涯的转折点。虽然惠、戴不同,吴学与皖学相异,但是惠栋那尊崇汉学、鄙视宋学的学术思想还是引起了戴震的深刻反思。自此,他开始重视吴派的治学思路和学术成就,因而扩大了他的学术视野,甚至最终促使他走上新的学术道路。所有这些都与卢见曾爱才好客、热衷于文化事业有关。试想,如果卢见曾信奉的是"存天理,灭人欲",唯尊者以"理"责卑,唯贵者以"理"责贱,那么戴震后期也难以取得如此巨大的成就。想必卢见曾的这种"宽以待人"的人生态度会对戴震的人生哲学产生一定的影响。

避仇入京、清王朝的专制统治以及北闱乡试落榜让戴震充分意识到社会的黑暗以及人性的丑陋,而与纪昀等一批有志之士的结识,又让他意识到人人平等的重要性，这些促使戴震在教育思想上由认同"理学"到反对"理学"，并且进一步强化其以"人"为主体的心理学研究。

四　晚年辉煌

戴震晚年足以彪炳史册、辉映千古的业绩，既不在于他因校对《水经注》和《九章算术》而受到皇帝的褒奖，也不在于他历经千辛万苦校对了多少古籍、写了多少提要，而在于其《孟子字义疏证》一书的完成及其所表达的思想，它是戴震晚年全部思想精华的沉淀与升华。在这本著作中，戴震直斥宋儒"以理杀人"和"今人以理杀人"，深刻揭露出当时统治阶级对人性以及欲望的压制，表明了自身对人性的理解。

在四十岁到四十三岁之间，戴震过着颠沛流离的生活。也正是由于坎坷的生活道路，使得戴震对清朝政府的文化专制主义、程朱理学的反动主义以及下层劳动人民的疾苦，有了更深层次的理解，这就在很大程度上加速了他从早年信奉程朱理学到中晚年批判程朱理学以及由唯心主义理一元论到唯物主义气一元论的转变进程，并进一步深化其以人为本的心理学思想。

从四十六岁至五十岁的五年间，戴震主要从事于方志的编撰。五年间，他两度往返于晋燕之间、太行道上，修订了三种方志，并参加了三次会试，但一次都没有考中。究其原因，八股取士的选拔制度对戴震这样的大学者来说，确实不太适合。看来这鲤鱼跃龙门的机会以及吃皇粮的饭碗对于戴震来说注定无缘。官场的尔虞我诈以及阿谀奉承只能让戴震更加清醒地认识到人性的黑暗与丑陋。对于科举，此时的戴震已经将其作为一种解决衣食之忧的中介，岁月无情的磨炼早已让其打消了追名逐利的强烈欲望。此时的戴震正致力于通过自身的学术研究来改变程朱理学祸害中国数百年的悲惨状况，为中国的政治改革奠定一定的学术思想基础，而这一点也可以说是戴震晚年生活孜孜不倦、奋斗不息的精神目标。

五十岁那年，在经历了科举惨败经历之后，戴震返回金华书院担任主讲，同时忙于《水经注》的校对工作。同年，在纪昀以及裘曰修的大力推荐下，戴震进入四库馆担任纂修官一职。据说乾隆皇帝早就听说过戴震的大名，"故以举人特召，旷典也"。就这样，戴震由一个举人被破格录用，全家迁往北京，与当年的进京避难倒是大不相同。尽管统治阶级主观上是想通过修订《四库全书》来彻底清除中国文化与专制统治不相一致的思想意识，但是作为学者的戴震，却把参与修书当作一件发掘和整理中国古代文化遗产的工作来认真完成。五十二岁那年，《水经注》终于校对完成，戴震倾尽历年心血将这部巨作"补缺漏，删妄增，正臆改"，使之成为能够让人看得懂且最具有实用价值的地理书。同年，戴震还校出另一部著作《九章算术》。次年，由于上述之事，戴震被"赐同进士出身，授翰林院庶吉士"。虽然"赐同进士出身"这一头衔是类似"为如夫人洗脚"的角色，但就其一生而言，这也算是对戴震仕途上屡次落第的一点安慰。

　　五十四岁那年，由于长期繁重的校订工作，戴震的健康受到极大的损害。虽然患有足疾，但戴震仍然孜孜不倦地校书、著书，彪炳史册、辉映千古的《孟子字义疏证》一书就是在这一年完成的。在这本书里，戴震直斥宋儒"以理杀人"和"今人以理杀人"，结果直接触动了清统治阶级的意识形态神经，由此引发的后果可想而知。一时间，好友斥责，同人攻击，朝野施玉。作为戴震好友的纪昀，拿起《孟子字义疏证》一书，"攘臂扔之"，骂道："是诽清净洁身之士而长流污之行！"[①] 面对诸多压力，戴震感受到了前所未有的孤立无援。即便如此，戴震仍坚定鲜明地表明自己的立场和观点，确认真理就在自己一边。正如他给段玉裁的信中所述："仆生平著述之大，以《孟子字义疏证》为第一，此正人心之要。今人无论正邪，尽以意见名之曰理，而祸斯民，故疏证不得不作。"[②] 由此可以看出，戴震所具有的高贵人格以及为探求真理而不惜牺牲自我的崇高精神，宛如一束穿透封建统治层层枷锁的新生曙光，令人慷慨激昂，热血沸腾。正是戴震独特的思想风骨与品格风貌才让他不愧为"一代思想先驱"的称号。

　　由于庸医误用药物，年仅五十五岁的戴震猝然病逝。随后，戴震的夫人与儿子一同扶柩南归，葬于家乡休宁。值得一提的是，戴震去世后，京城名士在挽联中这样写道："孟子之功不在禹下，明德之后必有达人。"由此可见，戴震及其学说在京城的影响之大以及人们对他的推崇程度之高。但无论如何，一代大师就这样匆匆陨落，他用鲜明犀利的观点和坚

---

① 许苏民：《戴震与中国文化》，贵州人民出版社 2000 年版，第 63 页。
② 张岱年主编：《戴震全书（七）》，黄山书社 1997 年版，第 142 页。

韧不屈的人格为他的短暂生涯画上了令人惋惜之外的圆满句号。

从京城名门之士乐于和戴震交往，甚至折节求教，到好友斥责，同人攻击甚至朝野施压，戴震充分感受到世态的炎凉以及人性的变化无常。在这个过程中，关于"人"以及"人性"的论述可能会自觉或不自觉地渗透在戴震诸多著作的字里行间。而这些思想也必将对后世产生重要的影响。

第二节　时代影响

戴震心理学思想的形成与清朝当时特殊的时代背景有着紧密的联系。雍正、乾隆年间，经过一百多年的统治，清朝正处于相对稳定的时期。然而，这一时期也是畸形的。封建专制与资本主义萌芽时期的早期文明并存，文字狱的惨祸与西学东渐的交汇，形成了种种畸形发展，这些都在戴震的人生思想上留下了深深的烙印。

一　资本主义萌芽的发展

戴震生活在所谓的"康雍乾盛世"时期，这一时期工农业都有了一定的发展。正如恩格斯所说："政治、法律、哲学、宗教、文学艺术等的发展，是以经济为基础的。"[1] "任何一种新的学说，它的根源深藏在经济事实之中。"[2] 戴震的很多思想，正是当时资本主义萌芽在意识形态上的曲折反映。

明代中后期，商品经济蓬勃发展，但是产生的资本主义萌芽在清明战火中备受摧折。当历史的车轮驶入 18 世纪上半叶时，社会正处于"新"与"变"的酝酿和转型时期，民族资本主义以不可遏止的发展势头加快自身的历史进程，古老文明以其独特的发展姿势逐渐汇入世界历史的前进潮流。中国的社会经济持续发展，历史的巨轮飞快转动着。到了 18 世纪中叶，中国资本主义萌芽获得较大发展：一方面，东南沿海手工业各部门和商业中的资本主义萌芽在继续；另一方面，以 1737 年清政府开放矿禁为契机，全国经济都在一定程度上出现了放开搞活的新气象。

---

① 《马克思恩格斯选集（四）》，人民出版社 1995 年版，第 506 页。
② 《马克思恩格斯选集（三）》，人民出版社 1995 年版，第 56 页。

但是，由于封建专制与资本主义萌芽时期的早期文明并存，文字狱的惨祸与西学东渐的交汇融合，种种因素导致了清朝文化的畸形发展，同时也都成为戴震学术思想的渊源之一。

戴震的家乡徽州休宁，在明朝中期的时候已经是安徽茶叶产地的中心，那里盛产茶叶、蚕丝以及竹木。戴震生活在 18 世纪中叶，那个时候的休宁已经出现商业繁荣的景象。各地商人，尤其是茶商纷纷来到此地，休宁成为一个著名的"山口市场"。随着商品流通的不断扩大，商业资本在激增。徽商中，很多人岁入巨万，更有不少家资万贯，富比王侯。由于戴震的生活长期与教商有密切联系，所以他的思想中反映了要求发展工商业经济、反对封建专制的意识。与此同时，当地老百姓的生活却十分贫困，迫于生计，他们"不安于陇亩"，成为雇佣劳动大军的一员，纷纷涌入外地出卖劳动力，到景德镇去当烧窑工人的就不少。戴震的家乡处于一种通达的环境，由于南来北往的徽商传递信息，所以从青少年起，戴震就耳闻目睹了封建社会中人压迫人、人剥削人的各种不合理的现象以及他对劳动人民痛苦生活的深切同情。另外，戴震少年的时候就随父亲当过小商贩，所以他对一般市民阶层的要求有较深的了解，也能体会一般民众的疾苦。正如章炳麟所言"震自幼为贾贩，转运千里，复具知民生隐曲"①。由于从小就目睹劳动人民受压迫、受剥削的苦难生活，并对他们表示深切的同情，所以这无形中对他以人为本的心理学思想的形成产生一定的影响。这在他后期著作《孟子字义疏证》中有所反映，即对"人性"的相关阐述。

二　政治文化的禁锢

与清代资本主义的早期发展和开放极不协调的是，清朝政府实行封建高压统治和专制主义的文化政策。它通过提倡程朱理学的"天理"来达到"以理杀人"和大兴文字狱的方法来对人民的思想进行严密的控制，尤其通过持续不断的'文字狱'运动来残酷杀害那些具有某些新的思想意识和对统治阶级专制统治或多或少流露出不满情绪的读书人，甚至用"欲加之罪，何患无辞"的卑鄙手段滥杀无辜、用最残忍的凌迟酷刑残害读书人来实施其"防民之口"之术。

---

① 张岱年主编：《戴震全书（七）》，黄山书社 1997 年版，第 337 页。

　　早在康熙年间，清朝政府命理学大臣李光地等人在明胡广等人所编的《性理大全》的基础上，"撷其精华"，编成《性理精义》十二卷，作为士人必读的书。与此同时，朱熹所编的《四书集注》被列为科举考试的标准教材，其本人的地位也被越抬越高。① 康熙以朱子的"一字一句"为真理，就把朱熹抬到了令人难以置信的高度。谁违背了朱子之言，就被视为离经叛道，从而就会受到严厉惩罚。一直到戴震生活的年代，"以理杀人"的程朱理学在意识形态和社会生活各个领域的统治地位被不断强化，人性及欲望受到严重的压抑。戴震的很多思想集中揭露了程朱理学"以理杀人"的反动实质，使人的情感、欲望、理性从封建主义"天理"的宰制压迫下彻底解放出来。

　　清朝统治阶级加强思想控制的做法之二就是大兴"文字狱"。戴震生活的清雍正、乾隆年间的55年，是中国的思想领域弥漫着"文字狱"的刀光剑影、遇难者的头颅鲜血以及被凌迟碎剐的人肉片布满了学术殿堂的台阶的55年。而尤以乾隆皇帝布下的文网最为严密，迫害读书人的手段也最为残忍。② 清朝从顺治年间就开始实施文字狱，康熙、雍正、乾隆三朝，有记载的文字狱就有七八十起，从康熙到乾隆四十二年（1777），著名的文字狱就有七八起。如康熙三年（1664）的明史案，康熙十五年（1676）的《南山集》案，乾隆二十年（1755）的胡中藻《坚磨生诗抄》案，乾隆四十六年（1781）的《焦禄谤帖案》，乾隆五十三年（1788）的贺世盛、笃国策案，等等，这些文案轻则罢官，重则"凌迟""立斩""枭示"以至于株连九族，满门抄斩。在这种"文字狱"的恐惧环境中，文人只能转向文献订讹，名物考证，不敢触及思想禁忌，以明哲保身。正如章炳麟所言："家有智慧，大凑于说经，亦以纾死，而其术近工眇踔善矣。"③

　　正是在清帝王凭借程朱理学的"天理"大兴"文字狱"的极其残酷的社会氛围中，戴震成了那个社会"叛逆的猛士"。正如鲁迅所言："叛逆的猛士出于人间；他屹立着，洞见一切已有和现有的废墟和荒坟，记得一切深入和久远的苦痛，正视一切重迭淤积的鲜血，深知一切已死，

　　① 周兆茂：《戴震哲学新探》，安徽人民出版社1997年版，第11页。
　　② 许苏民：《戴震与中国文化》，贵州人民出版社2000年版，第22页。
　　③ 李开：《戴震评传》，南京大学出版社2001年版，第7页。

方生，将生和未生。"① 对封建专制文化和程朱理学的反动的深刻了解，进一步加速了他从早年信奉程朱理学到最后批判、反对程朱理学"以理杀人"的转变，从而谋求人的情感、欲望、理性从封建主义"天理"的宰制压迫下彻底解放出来，以人为本的心理学思想表露无遗。

三　自然科学的发展

清朝之前，自然科学已有一定的发展。药物学方面，著名的药物学家李时珍经过三十多年潜心研究和身体力行，写成了巨作《本草纲目》，把我国药物学提升到一个新的阶段；农学方面，科学家徐光启集天文、数学、历法、水利、农桑等多种自然科学知识于一身，他所写的《农政全书》收集了历代农业生产知识，是一部关于农业生产的百科全书；工学方面，科学家宋应星通过多年潜心研究，对各种工业从原料到制成品的整个生产过程和生产工序了如指掌，写成一部关于手工业生产的巨著《天工开物》；地理学方面，地理学家徐宏祖写成了一部关于地理、地质、地貌的《徐霞客游记》，为我国地理学做出了重要贡献。另外，其他如天文、数学、律历、物理等方面的著作也纷纷刊出，这些都为后期自然科学的发展奠定了一定的基础。

明末清初，随着西方传教士的到来，西方关于自然科学和人文科学的书籍也随之传入中国，并对中国社会产生一定的影响。就时间而言，"西学东渐"始于1582年意大利传教士利玛窦来华传教，至清雍正年间全面禁止传教活动止，其间约一百四十多年，构成了"西学东渐"的第一次高潮。据有关资料记载，从1605年利玛窦、徐光启等刊行《乾坤体义》《几何原本》起，在这一百四十多年中，几乎每年都有一两种自然科学的著作或译著出版。② 然而，至雍正乾隆年间，由于统治阶级采取了严格的政策，在中国的传教士少之又少，其传入的科学知识甚少，几近停止。在自然科学方面，除注意研究从西方传入的自然科学外，戴震更多地将精力放在传统科学技术文献的整理。在戴震一生中，写有大量关于天文、律历、数学、力学、机械、地理、动物、植物、医学等方面的著作，由于受到西方科学知识以及古代自然科学，特别是明清自然科学的

---

① 鲁迅：《鲁迅全集（二）》，人民文学出版社1982年版，第222页。
② 周兆茂：《戴震哲学新探》，安徽人民出版社1997年版，第10页。

影响，加上通过自身长期自然科学的研究，戴震的思想有所飞跃，为其后续的唯物主义哲学以及心理学思想提供了重要的自然科学基础。

第三节　思想背景

戴震生活在专制统治极为严酷的时代，清政府把"禁书"问题看作关系到其专制统治之生死存亡的头等大事。在数以万计的禁书中，只有极少数属于真正的黄色书籍，而95%以上被禁的书籍都是学者们的严肃的学术著作。① 清政府施行"文字狱"，弄得人们人心惶惶，惴惴不安，时刻笼罩在"文字狱"的恐怖阴霾之中。在这种情况下，由于怕祸及他人，戴震讳言自己曾读过什么书，就连自己读过的他人还没有出版的书也不敢明说。在现行的各种史书中也无法找到有关戴震读"禁书"的相关证据。因此，在考察戴震的思想渊源时，有着特殊的困难。我们无法仅仅从戴震曾在某时某地有机会读到当地著名先哲们的著作，或者某些先哲思想的影响很大，戴震不可能不知道等等来推断，更主要的是从戴震的思想如何继承和发展先哲们的同类思想来说明。

在对人性的阐述过程之中，体现了戴震众多心理学思想。其中很多观点与美国20世纪五六十年代产生和发展起来的、注重对人性的研究并且把人性的研究置于心理学研究的核心地位的人本主义心理学有着相近之处。在建立自己的人性学说的时候，戴震受到了众多学者的影响。首先，他受到了佛道两家人性论的影响。正如戴震自己所言："夫人之生也，血气心知而已矣。老、庄、释氏见常人任其血气之自然之不可，而静以养其心知之自然；于心知之自然谓之性，血气之自然谓之欲，说虽巧变，要不过分血气心知为二本。"② 他并不赞成释老将血气欲望排斥在人性之外，将血气与心知对立起来。其次，告子的思想对戴震的人性论产生一定影响。戴震曾经说过："告子未常有神与形之别，故言'食色，性也'，而以尚其自然，故言'性无善无不善'，虽未常毁訾仁义，而以杞柳喻义，则是戕贼杞柳始为桮棬，其指归于老庄、释氏不异也。"③ 告子

---

① 许苏民：《戴震与中国文化》，贵州人民出版社2000年版，第170页。

② 张岱年主编：《戴震全书（六）：孟子字义疏证卷中》，黄山书社1995年版，第172页。

③ 同上书，第181页。

崇尚天生的自然本能，强调人的本性没有善与不善之分，也是戴震所反对的。戴震也受到孟子的影响。在论述关于人性自然结构模式的内在因素的时候，戴震运用《孟子》提出的"命""性""才"范畴，加上自己的诠释，从三个方面阐述什么是人性。在"性""命"关系上，戴震基本认可孟子的观点，并没有做太多的发挥。在关于"才""性"关系，戴震虽取之于《孟子》却有较大的发挥和超越。戴震同样受到荀子的影响。正如戴震所言："荀子见常人之心知，而以礼义为圣心。见常人任其血气心知之自然不可，而进以礼义之必然，于血气心知之自然谓之性，于礼义之必然为之教。合血气心知为一本矣，而不得礼义之本。"① 荀子以血气心知之自然为性，合乎一本论，但是他认为人性是恶的，在这点上戴震是不赞同的。戴震对人性社会结构的描述更多是受到荀子的影响。荀子的人性学说给了戴震两方面的启示：一是强调了人性是一切社会存在的基础；二是强调了后天学习对改变人性的重要性。② 对于戴震与荀子在人性论上的继承关系，正如某些学者所言，"极震所议，与孙卿若合符"③"今考东原思想，亦多拟本晚周……而其言时近荀卿"④，"戴震的学说，多渊源于荀子。戴震说'解蔽莫如学'，而荀卿则有《解蔽篇》，又有《劝学篇》为《荀子》一书的冠首"⑤。同样，戴震也受到了程朱人性学说的影响。戴震在评论程朱学派时说："程子、朱子见常人任其血气心知之自然之不可，而进以理之必然；于血气心知之自然谓之气质，于理之必然谓之性，亦合血气心知为一本矣，而更增一本。"⑥ 程朱学派把人和性割裂开来，最后得出"存天理，灭人欲"的结论，这对戴震的人性思想的影响很大。总而言之，在对"人"的历史状况及现实状况进行了深入的思考后，戴震吸收借鉴了历史上"以人为本"思想的精华，恢复了"人"在自然界和社会中的应有地位和价值，把被程朱扭曲了的"人"放在理性的天平上重新予以审视；他继承了明末清初以来注重个性自由与

---

① 张岱年主编：《戴震全书（七）：孟子字义疏证卷中》，黄山书社 1995 年版，第 171 页。

② 王杰：《中国伦理思想研究：戴震义理之学中的人性结构模式》，《伦理学研究》2005 年第 3 期。

③ 张岱年主编：《戴震全书（七）》，黄山书社 1997 年版，第 338 页。

④ 钱穆：《中国近三百年学术史上册》，商务印书馆 1995 年版，第 394 页。

⑤ 张岱年主编：《戴震全书（七）》，黄山书社 1997 年版，第 434 页。

⑥ 张岱年主编：《戴震全书（六）：孟子字义疏证卷上》，黄山书社 1995 年版，第 172 页。

解放，肯定人的情欲的合理性的思想，转换了天理、人欲之间的关系，解构了"存天理，灭人欲"的价值观，使被压抑、被否定的人欲重新凸显了出来，并且把人欲抬到了高于一切的程度，使之成为评判人的一切活动的出发点，充分肯定了生命个体存在的价值与尊严，凸显了生命个体存在的现实必然性。他试图通过对人性、人的情欲的阐发，寻找一条维护人的基本尊严的道路。戴震的这一思想具有高扬人的价值与尊严的启蒙思想的一般特征，强调了以人为本位的人文主义精神。

　　另外，戴震还受到以下一些学者的影响。戴震"发狂打破宋儒家中《太极图》"，到派生出人性就是"血气心知"，这种观点明显来自李贽以来的早期启蒙学者关于"百姓日用即道"和"气质之性"一元的大量论述。① 明代中叶以来，李贽首先试图"打破"宋儒家中《太极图》。李贽认为，一切有生命的事物都开始于阴阳二气的变化，阴阳二气能够创造一切。李贽的这些论断，成为后来戴震"发狂打破《太极图》"的思想先驱。另外，戴震也有可能受到西方传教士利玛窦所著的《天主实义》一书的影响。该书部分内容阐述了"理卑于人""人人平等"的思想，对戴震的人性学说产生一定的影响。戴震关于"惟据才质可以断人之性善"的观点，亦是对明代中叶至清初的一批早期启蒙学者——王廷相、罗钦顺、吴廷翰、陈确、陆世仪、颜元、李塨等人——所主张的"气质之性"一元论观点的继承和发展。② 唐甄从生理角度来考察人性，认为"人欲"的根源就是人的"血气"。唐甄认为"盖人生于气血，气血成身，身有四官，而心在其中。身欲美于服，目欲美于色，耳欲美于声，口欲美于味，鼻欲美于香。其根为质于有妊之初者，皆是物也"③另外，唐甄还认为人具有与根于血气的五欲并存的"心之智识"。这也是戴震建立在"血气心知"基础上的人性论的思想来源之一。另外，在知识与道德的关系上，戴震受到唐甄的影响较大。唐甄认为，知识高于道德，并且指导道德。这在戴震对人性自然结构的论述中有所体现。戴震对几何学的公理演绎方法，他所倡导的科学态度，则受到徐光启以及利玛窦的影响。另外，傅山、唐甄、颜元、李塨、程廷祚等人也对戴震的认识论

① 许苏民：《戴震与中国文化》，贵州人民出版社 2000 年版，第 180 页。
② 同上书，第 184 页。
③ 唐甄：《潜书注》，四川人民出版社 1984 年版，第 106 页。

思想产生了一定的影响，这体现在戴震后期对"理"的理解方面。正是由于受到这些不同学者及其观点的影响，使得戴震的心理学思想呈现多元化。

第三章

戴震心理学思想的基本观点

　　戴震心理学思想的基本观点主要包括心理对象观、心理实质观、心理发展观、心理差异观以及心理功能观。他的心理学思想是建构在其坚实的人本思想之上的，特别是他对"人性"的理解达到了当时人们认识的最高层次，主要表现在他对人性结构的梳理。戴震指出人和动物的不同主要表现在感觉和思维两个方面，他说："凡有血气者，皆形能动者也。由其成性各殊，故形质各殊；则其形质之动而为百体之用者，利用不利用亦殊。……知觉运动者，人物之生；知觉运动之所以异者，人物之殊其性。"① 他认为人和其他动物的感觉和反映不同，习性不同。除此之外，"人则扩充其知至于神明，任意礼智无不全也。仁义礼智非他，心之明之所止也，知之极其量也"②。人能发展他的认识能力，达到理性思维的高度，仁义礼智无不具备。仁、义、礼、智不是别的，而是人的思维活动达到最高境界，认识能力的发挥达到最大限度。"血气"是人生存的物质基础。"人之血气心知，原于天地之化者也。有血气，则所资以养其血气者，身色嗅味是也。……即口之于味、目之于色、耳之于声、鼻之于嗅、四肢之于安佚之为性。"③ 人要生存就会有声、色、嗅、味之"欲"，这是更为根本的人性。在这一原则的基础上，饮食起居的行为准则就是社会伦理道德。

　　人本思想把社会看作无数具有共同本质的人的联合体，他们首先不是区分人的阶级属性，而是对人与动物进行区分。

---

① 张岱年主编：《戴震全书（六）：孟子字义疏证卷上》，黄山书社1995年版，第183页。
② 同上。
③ 同上书，第193—194页。

第一节　心理对象观

综观戴震的心理学思想，他的心理学对象观沿袭了古人对各种心理学问题的关注和思索，特别是对"人性"的论述，是其整个心理学思想的核心内容。戴震建构在"血气心知"如此坚实的元气实体本体论基础之上的"人性"理论，早已经不再单纯地由于"人性"问题自身，而是超越了"人性"自身，扩展到了更为广阔的人类学、伦理学、心理学的范畴。其中许多见解都起到了发前人之未发之言，启后世之学的作用，尤为令人关注。

一　人性是一个生成的过程

（一）人性的压制与摧残

戴震生逢封建社会的末段，"康乾盛世"掩盖下的是封建制度日益走向衰败，各种弊端渐渐显露。这是一个侯外庐称为"暴风雨降临的时代"和黄宗羲称为"天崩地解"的时代，对于统治阶级来说，封建体制下的"人"越来越成为一种异己的力量，尽管明末清初有些思想家在反思空谈误国的传统理学时曾经涌起过一股人文主义和个性解放思潮，但由于政治高压、文化专制及思想言论的禁锢，人的地位、价值、尊严持续地被剥夺殆尽，这股思潮也很快成了空谷回音。尤其是清王朝因统治的需要使得程朱理学的盛行与肆虐时，对"人"和"人性"的压制与摧残更是到了无以复加的程度。作为"最为天下贵"和"万物之灵"的"人"，作为社会构成主体的"人"，在外在道德规范及封建礼教的束缚重压下，人最起码的权利和尊严都受到了严重的挑战。戴震所熟知的家乡（徽州）地区成千上万的烈女烈妇、贞节牌坊①，可以说就是封建制度残害人性、程朱理学"重理轻人"最有代表性的铁证。他说道：

> 今之治人者……尊者以理责卑，长者以理责幼，贵者以理责贱，虽失，谓之顺；卑者、幼者、贱者以理争之，虽得，谓之逆。于是天下人不能以天下之同情，天下所欲达之于上；上以理责其下，而

---

① 道光《休宁县志》卷一、卷十六。

在下之罪，人人不胜指数。人死于法，犹有怜之者；死于理，其谁怜之。①

　　戴震亲睹了"人"成为连禽兽都不如的无生命的躯壳，以至于对"以理杀人"麻木不仁、毫不自觉，或许正是这一切促使了他在人及人性问题方面的觉醒，也促使他数十年来对人与人性问题孜孜不倦的上下求索，在与腐朽没落的封建专制制度及为之服务的程朱理学的斗争中，戴震自觉站在了反抗的一端，他说："孔子曰：'道不同，不相为谋。'言徒纷辞费，不能夺其道之成者也。足下之道成矣，欲见仆所为《原善》……虽《原善》所指，加以《孟子字义疏证》，反复辩论，咸与足下之道截然殊致，叩之则不敢不出。今赐书有引为同，有别为异；在仆乃谓尽异，无毫发之同。"② 在他的著作体系中时常体现出本体论、认识论、人性论、理欲观等方面的思想，渗透出来的则是戴震的人本主义心理学思想。在戴震的思想体系中我们就自然而然地看到他反对血气之外的"理"，他反对理学家们所谓在事上或者在事外之理，也不同意把"存天理，灭人欲"看成是正确的方向。从上面这段话中，可以很清晰地看到戴震反对理学的思想、政治意义。理学使人们的情不能达、欲不能遂，而以所谓"理"来压制人们的情欲，强制人们服从，否则就有罪，这是彻彻底底的"以理杀人"，因此将单纯将"理"作为强调的对象绝对是不妥当的。

　　（二）人性的生成阶段

　　戴震对人性的规定在《孟子字义疏证》中最具代表性的表述如下：

　　　　人生而后有欲，有情，有知，二者，血气心知之自然也。给于欲者，声色臭味也，而因有爱畏；发乎情者，喜怒哀乐也，而因有惨舒；辨于知者，美且是非也，而因有好恶。声色臭味之欲，资以养其生；喜怒哀乐之情，感而接于物；美且是非之知，极而通于天地鬼神。声色臭味之爱畏以分，五行生克为之也；喜怒哀乐之惨舒

_____

① 张岱年主编：《戴震全书（六）：孟子字义疏证卷上》，黄山书社 1995 年版，第 161 页。

② （清）戴震：《戴震全集（一）：答彭进士允初书》，清华大学出版社 1994 年版，第 216 页。

以分，时遇顺逆为之也；美且是非之好恶以分，志虑从违为之也。是皆成性然也。①

戴震认为，人性是血气心知，欲、情、知是人性的自然表现，是人出生以后具有的。"欲"就是欲望，是人对声色嗅味的要求；"情"就是情感，是人喜怒哀乐的表现；"知"就是认知，是人辨别美丑是非的能力。有了物质欲望才能滋养人的身体，使人正常生存；有了各种情感才能感通于外物，与他人交流沟通，才能融入社会；有了认识能力，才能明辨是非，通情达理，不被纷繁复杂的社会现象所迷惑。欲、情、知是人性应有之义，故戴震谓之"是皆成性然也"。

那么，戴震是如何看待"人"的呢？面对当时"人"的种种悲惨遭遇，戴震作为一个十分关注人类自身命运的思想家对此有着异常清醒的认识。正当清王朝以程朱理学控制思想、压制人民的时候，戴震还毫不避讳地大声疾呼当时以理杀人的残酷现象。在对"人"的历史状况及生存现状进行了深刻的思考后，戴震吸收借鉴了历史上"以人为本"思想的精华，恢复了"人"在自然界和社会中应有的位置和价值，把被程朱杀人理学所扭曲了的"人"放在理性的天平上予以重新审视。如戴震的情欲思想主张要"欲得遂也，情得达也"②，即提倡合理节制情感欲望，这都符合戴震所强调的人学思想，即将人、人性、人情以及诸多人的感受作为关注的焦点，突出人的主体性。这些思想都突出地体现在戴震的人学心理学思想中，特别是他的心理对象观。

戴震论"性"，首先把"性"描述为一个生成的过程。他认为《周易·系辞上》曰："一阴一阳之谓道，继之者善也，成之者性也。"这段话正好表征了人性生成的三个阶段。对"一阴一阳之谓道"，戴震这样说："一阴一阳，盖言天地之化不已也。道也。一阴一阳，其生生乎，其生生而条理乎！以是见天地之顺。"③何谓"顺？"戴震解释说："言乎自然之谓顺"④，"上之见乎天道是谓顺"⑤。由于戴震认为"天下之道，尽

---

① 张岱年主编：《戴震全书（六）：孟子字义疏证卷上》，黄山书社1995年版，第195页。
② 同上。
③ 张岱年主编：《戴震全书（六）：原善卷上》，黄山书社1995年版，第8页。
④ 同上书，第9页。
⑤ 同上书，第7页。

于顺"①，性本之于天道，所以把"天地之顺"看作人性生成的第一阶段，生命现象的存在是这一阶段的主要内容。在"继之者善也"这个观点的理解上，戴震认为"天地之常"是"继之者善也"的内容。所谓"天地之常"是指阴阳二气的变化，是一个由天道蕴含"性"内容之变化演化到人生内容之变化的过程。戴震说："生生，仁也，未有生生而不条理者。条理之秩然，礼至著也；条理之截然，义至著也，以是见天地之常。三者咸得，天下之懿德也，人物之常也。"② 戴震在这里是以"生"释"仁"，"仁"是人生命存在的道德内涵，有生命便有条理，有生命便衍生出仁、义、理等道德内容，道德的存在是这一阶段的主要内容。人性发展的最后阶段是其进入社会领域，戴震认为人性生成的第三阶段是"天地之德"。他说："言乎人物之生，其善则与天地继承不隔者也。有天地，然后有人物；有人物而辨其资始曰性。"③ 人性的内容就存在于日用事为之中，日用事为即指社会生活。戴震认为，人的社会性是人性生成第三阶段的内容。这三个阶段，既是戴震对《周易·系辞上》相关内容的新的理解和诠释，也是戴震对人性生成阶段的概括和总结。因此，戴震便由"性"的生成进到了对"性"的结构的剖析。

二　人性的自然结构模式

戴震认为人性的自然结构是才、性、命的内在统一。

何谓"才"？戴震说："才者，人与百物各如其性以为形质，而知能遂区以别焉……据其体质而言谓之才。"④ 所谓"才"就是指人与百物依据各自不同本性所呈现的自然形质和知觉能力，是指人自身的材质及功能。

何谓"性"？所谓"性"即源于阴阳五行所构成的个人特质。"性"作为沟通与连接天道与人道的中间环节，从逻辑上说，它必然在内在结构上既包含有天道方面的一般特性，也包含有人道方面的一般特性。

---

① 张岱年主编：《戴震全书（六）：原善卷上》，黄山书社 1995 年版，第 9 页。
② 同上。
③ 同上。
④ 张岱年主编：《戴震全书（六）：孟子字义疏证卷下》，黄山书社 1995 年版，第 195 页。

何谓"命"？戴震说："气化生人生物，据其限于所分而言谓之命"①，"凡命之为言，如命之东则不得而西，皆有数以限之，非受命者所得逾"②，还说："论气数，论理义，命皆为限制之名。"③ 所谓"命"就是由阴阳五行所分得的不同规定性，是人得之于天者，就像金锡的器皿要受金锡的本性限制一样。

在才、性、命三者中，戴震论"命"颇异于孔孟，也不同于程朱，戴震把"命"理解为人得于天者，戴震有时又把人的这种规定性训释为"分"。他说："大戴礼记曰：'分于道谓之命，形于一谓之性。'分于道者，分于阴阳五行也。……各随所分而形于一，各成其性也。"④ 针对彭允初与之论性反复强调"天命"的重要性，戴震举例予以反驳："譬天地于大树，有华、有实、有叶之不同，而华、实、叶皆分于树。形之巨细、色臭之浓淡，味之厚薄，又华与华不同，实与实不同。一言乎分，则各限于所分。"不但人"分"于天地之气，就是动植物也是"分"于天地之气。⑤ 戴震认为在才、性、命三个范畴中，性是最基础、最根本的东西。三者共同构成了人性的自然本质，并且他以器具为喻，生动形象地说明了三者之间的辩证关系。在才、性、命三个范畴中，他指出，"性，言乎成于人人之举凡自为。性，其本也"⑥。由此可见，在他的思想中，性是最基础、最根本的东西。关于"性""命"关系，戴震认为，"性"具有主动性，而"命"则具有受动性，是得之于天的必然性。

在戴震看来，人的才质如何，与人性善恶也没有直接联系。戴震还认为，"禀受之全，则性也；其体质之全，则才也"⑦。"性"是禀受阴阳五行之气之全，而"才"则是禀受体质之全，"性"之与"才"，犹本质与现象之关系不可或分，无"性"则"才质"无以依附；无"才质"则"性"无所显现，"言才则性见，言性则才见"，性的如何决定了才质的如何。"分于阴阳五行而成性各殊，则才质因之而殊。"那么，如何解释人

---

① 张岱年主编：《戴震全书（六）：孟子字义疏证卷下》，黄山书社 1995 年版，第 195 页。
② 张岱年主编：《戴震全书（六）：答彭进士允初书》，黄山书社 1995 年版，第 357 页。
③ 同上。
④ 张岱年主编：《戴震全书（六）：孟子字义疏证卷下》，黄山书社 1995 年版，第 180 页。
⑤ 张岱年主编：《戴震全书（六）：答彭进士允初书》，黄山书社 1995 年版，第 180 页。
⑥ 张岱年主编：《戴震全书（六）：原善卷上》，黄山书社 1995 年版，第 357 页。
⑦ 张岱年主编：《戴震全书（六）：孟子字义疏证卷下》，黄山书社 1995 年版，第 196 页。

与人之间才质所出现的差异？戴震认为关键是后天"习染"的缘故。他说："人之初生，不食则死；人之幼稚，不学则愚。食以养其生，充之使长；学以养其良，充之至于贤人圣人，其故一也。"① 人不食则必死，人不学则必愚，成圣成贤，并非先天可得，乃后天学习所使然，犹如人身因饮食而获得滋养一样。戴震在其人性的自然结构中，认识到了人与人之间的差异不在自然性上，而在社会性上。后天的习染和学习是人性由自然状态向社会状态转化的必然契机。

三　人性的社会结构模式

（一）欲、情、知的含义

戴震在《原善》中指出："欲"与"情"二者是人性的要求和表现。但是，"情"并非与"欲"并列，而是由"欲"派生来的。"知"又是由情欲派生出来的。"既有欲有情矣，于是乎有巧与智，性之徵于巧智，美恶是非而好恶分。……尽美恶之极致，存乎巧者也，宰御之权由斯而出；尽是非之极致，存乎智者也，贤圣之德由斯而备；二者，亦自然之符，精之以底于必然，天下之能举矣。"② 戴震认为先有情欲而后有知，"知"是实现"情欲"目的的途径。在《孟子字义疏证》中，这一道理讲得非常明确："惟有欲有情而又有知，然后欲得遂也，情得达也。"③ 他认为人仅有"情""欲"等本能的追求是不够的，并且强调了"知"的重要性。人的"心知"即认识能力、知觉活动是人所特有的，"知觉运动者，人物之生"，"知觉运动者，统乎生之全言之也"。但"知"与"情欲"并不对立，而是为人们追求"情得达""欲得遂"的美好生活服务。因为"欲""情""知"三者都属于自然人性的范畴，所以人们也就必然会去追求情欲的满足，也必然会以"知"来促进"情欲"的实现，并以"知"来给予情欲以适当的控制和调适。

在谈及人性善的理论根据时，戴震认为，凡是血气之属都有精爽，即有耳、目、鼻、口的嗜好等欲望，但是，"人之异于禽兽者，虽同有精

---

① 张岱年主编：《戴震全书（六）：孟子字义疏证卷下》，黄山书社1995年版，第199页
② 张岱年主编：《戴震全书（六）：原善卷上》，黄山书社1995年版，第10页。
③ 张岱年主编：《戴震全书（六）：孟子字义疏证卷下》，黄山书社1995年版，第195页。

爽，而人能进于神明也"①。所谓"神明"就是人的认识可以把握客观事物的条理，而动物就不行亦即能思的"心知"。戴震把能思的"心知"作为人与动物、人与人相区别的根据，也是人性得以"为善"的根据。前面已经谈到，人的"心知"可以明辨美丑是非。戴震看来，"心知"能知理知义，就是性善，人性善也就是人的心知能、知理、知义的善，它表现为人道，就是君臣、父子、夫妇、兄弟、朋友等伦理道德。

（二）欲、情、知的关系

戴震指出，人性的社会结构模式由欲、情、知三个不同的层面构成，并且内在统一构成了人性的社会结构模式。他说："人生而后有欲，有情，有知，三者，血气心知之自然也。给于欲者，声色臭味也，而因有爱畏；发乎情者，喜怒哀乐也，而因有惨舒；辨于知者，美丑是非也，而因有好恶。"② 可以说，人性欲、情、知三个层面的构成与人性生成的三个阶段是一致的，它们之间具有相互对应的关系。戴震把它具体为三对对应关系：第一层次是"性之事榷匀粹欲"；第二层次是"性之能荣厝粹情"；第三层次是"性之德荣救粹知"。

戴震的"欲"指的是人们想要获得的某种事物或者相应达到某种目的的要求。戴震较为系统地批判了程朱所鼓吹的"理正欲邪""存理灭欲"的观点，反对宋明理学重理轻欲，反对把欲看成是邪恶的东西。戴震指出人的欲望和其认识、情感一样都是自然赋予人的合理的东西，与人的生存息息相关，他说："举凡饥寒愁怨，饮食男女，常情隐曲之感，则名之曰'人欲'。"③ 这种相关使得"欲"具有不可违逆的客观性。而人类的欲望则是一切活动的起点，有了欲望才有人的活动。情感和欲望是分不开的，按照戴震的说法，情即是欲之情，欲即是情之欲，欲是基础，"既有欲矣，于是乎有情"。情的产生是欲望是否得到了满足而表现为不同的形式，如喜、怒、哀、乐等，这在很大程度上与现代心理学对情绪情感的解释也是相通的。戴震的情欲观强调欲望的合理性，既充分肯定欲望对人的行为和情感的作用，又反对"纵欲""穷欲"，他主张要求统治阶层要能够理解民众的感情、满足百姓的欲望，"使人欲无不遂，

---

① 张岱年主编：《戴震全书（六）：原善卷上》，黄山书社1995年版，第216页。
② 张岱年主编：《戴震全书（六）：孟子字义疏证卷下》，黄山书社1995年版，第195页。
③ 同上。

人之情无不达"①，要"富民为本"，"与民同乐"。显然这是一种以人为本、以民为本的思想表现。这在当时还是一种空想，但今天看来无疑是一种富有人文关怀的民主的萌芽。

通过对情、欲所进行的梳理，戴震进一步对冷矛头指向混淆了"私""欲"的程朱理说。因为在他看来，这种概念上的混同，必然会导致利己主义。他认为，私与蔽，只是各种欲望与知没能正常展开而流于"失"的结果。知本身不是蔽，欲本身未必是私。"人之患，有私有蔽；私出于情欲，蔽出于心知。无私，仁也；不蔽，智也；非绝情欲以为仁，去心知以为智也。是故圣贤之道，无私而非无欲；老、庄、释氏，无欲而非无私。"即是说，无论是从理论本身还是从实际生活上说，欲即私，无欲即无私都是不能成立的。道德所要求的是"有欲有为之咸得理"的状态。然而，无欲即情欲否定的主张，"非但谈不上公正无私，相反，它往往是与提倡者的利己主义动机和打算有深刻的联系"②。正是在此基础上，发展出"体情絮欲"的功夫论。这无疑有利于避免单纯张扬欲的正当性所可能导致的利己主义、个人中心主义弊病。戴震曾说：

> 夫尧、舜之忧四海困穷，文王之视民如伤，何一非为民谋其人欲之事！惟顺而导之，使归于善。今既截然分理欲为二，治己以不出于欲为理，治人亦必以不出于欲为理，举凡民之饥寒愁怨、饮食男女、常情隐曲之感，咸视为人欲之甚轻者矣。轻其所轻，乃"吾重天理也，公义也"，言虽美，而用之治人，则祸其人。至于下以欺伪应乎上，则曰"人有不善"，胡弗思圣人体民之情，遂民之欲，不待告以天理公义，而人之易免于罪戾者之有道也！③

这里戴震已经不仅仅限于对个人私欲的肯定，而是要求满足人类整体的生存发展需要，明确地突出了民之情欲的重要性，这也是戴震情欲肯定论的具体所指。戴震不仅看到了情欲的积极作用，他同时认识到单

---

① 张岱年主编：《戴震全书（六）：孟子字义疏证卷下》，黄山书社1995年版，第195页。

② 周玲：《戴震"情欲肯定论"浅析》，《理论月刊》2009年第1期。

③ 张岱年主编：《戴震全书（六）：孟子字义疏证卷下》，黄山书社1995年版，第216—217页。

纯肯定欲望会导致欲望放纵的消极作用，从而破坏社会秩序，乃至最终也无法达到"天下共遂其生"的目标，所以他在肯定了情欲作用的基础上又强调规范对情欲的合理引导和节制。

戴震的以理节欲思想主要包括：第一，戴震所主张的欲是指人的饮食男女一类感性需要，"有欲而后有为"，明确肯定个体追求满足自身需要的合理性，从逻辑上说，这就突破了仅仅满足基本生存需要的范围，无疑更有利于人性的健全发展。第二，戴震深入剖析了理的实体性，把理建立在欲（情欲肯定）的基础上，把实现、满足现实存在的需要作为规范的根本实质，这是对理学理欲观的彻底否定。这点正好与马斯洛的需要层次理论是基本一致的。第三，戴震由个体的饮食男女之欲作为基础一脉相承推理到社会的人伦日用和人类整体的生存发展之道，以此作为其哲学的对象，他所说的节欲，主要就是在此意义上主张克服一己之私欲而促进、完善人类整体的共同和谐发展的过程，而并非对欲本身的排斥、否定。戴震的理欲观在历史上具有积极的社会进步意义和价值，他不是如理学在否定个体的基础上维护整体利益，而是在肯定个体私欲的基础上求实现整体价值的道德准则，这正是人本主义心理学的思想。

人性构成问题内在地体现"生命本能"和"理义之心"的善恶问题。戴震彻底地贯彻唯物主义的思想路线，否定了人欲望的邪恶性，也否定了产生这一欲望的外部世界的邪恶性。在为何欲望为恶或易于恶的问题上，戴震认为原因在于人没有正确地把握欲望的"度"，没有正确地处理本能与理性的关系。"性，譬则水也；欲，譬则水之流也；节而不过，则为依乎天理，为相生养之道，譬则水由地中行也；穷人欲而至于有悖逆诈伪之心，有淫泆作乱之事，譬则洪水横流，泛滥于中国也。"① 戴震以"性"比作水，以欲比作流，说明对欲望节制而不过分，就是合乎天理，就是人们的生养之道。如同水在田中流行一样，如果放纵欲望，就会如同洪水泛滥一样，危害全国。归根结底，不是欲望本身，而是对欲望的处置不当，导致了欲望的流变。他在此强调理性规范的节制作用，强调自然应归于必然。

因此，在理欲关系中，戴震并不反对对欲进行理性节制。戴震认为，欲望流于为恶的原因在于人没有正确地处理好本能与理性的关系，做到

---

① 张岱年主编：《戴震全书（六）：孟子字义疏证卷下》，黄山书社 1995 年版，第 162 页。

节而有度:"宋以来儒者,盖以理(之说)〔说之〕。其辨乎理欲,犹之执中无权;举凡饥寒愁怨、饮食男女、常情隐曲之感,则名之曰'人欲',故终其身见欲之难制;其所谓'存理',空有理之名,究不过绝情欲之感耳。何以能绝?"① "言性之欲之不可无节也。节而不过,则依乎天理;非以天理为正,人欲为邪也。天理者,节其欲而不穷人欲也。是故欲不可穷,非不可有;有而节之,使无过情,无不及情,可谓之非天理乎!"② 这正符合心理学中人的个体社会化。社会化就是由自然人到社会人的转变过程,每个人必须经过社会化才能使外在于自己的社会行为规范、准则内化为自己的行为标准,这是社会交往的基础,并且社会化是人类特有的行为,是只有在人类社会中才能实现的。用弗洛伊德的话说,社会化就是个人学习控制天性的冲动。

　　总之,在人性构成理论的基础上,戴震从正面阐述了理性与本能的关系,而且指出,正确的人性构成应当是将人性的两大层次作为一个整体。戴震把人性归结为自然情欲,他的人性论达到了古代人性论的最高水平。他以情欲为性而反对理学以理为性。

四　人性的价值判断

　　由血气心知所构成的人性是善还是恶?对此,戴震明确地做出了价值判断,认为人性是善的。但是,戴震的人性善是指血气心知本身是善的,还是指人性可以为善,有待于进一步分析。③

　　戴震所说的"性善"是对人的"心知"而言的,血气则是人与物都有的,尤所谓善恶。"性者,飞潜动植之通名;性善者,论人之性也",④即对动植物只可言性,讨论人性时,方可说性善。"人以有礼义,异于禽兽,实人之知觉大远乎物则然,此孟子所谓性善。"⑤ 人异于禽兽之处在于人懂得礼义,就人有道德性而言,人性善。"欲者,血气之自然。其好是懿德也,心知之自然,此孟子所以言性善。"⑥ 这里的"心知之自然"

---

①　(清)戴震:《孟子字义疏证》,中华书局1982年版,第57—58页。

②　同上书,第11页。

③　崔海亮:《戴震人性论思想探析》,《广西社会科学》2008年第7期。

④　张岱年主编:《戴震全书(六):孟子字义疏证卷下》,黄山书社1995年版,第190页。

⑤　同上书,第191页。

⑥　同上书,第172页。

指人心好美德，就此而言，人性善。"然人之心知，于人伦日用，随在而知恻隐，知羞恶，知恭敬辞让，知是非端绪可举。此之谓性善。"① 人之"心知"可明辨各种礼义道德原则，并在人伦日用中遵循这些原则，就此而言，人性善。

戴震的人性内容包括欲、情、知，欲、情是人的自然属性，人和物都有，无所谓善恶。而"心知"则是人所特有的，有"心知"才能辨是非善恶，才会追求礼义美德，不断接近"善"。戴震认为这种"善"是人性发展的"必然"。"一事之善，则一事合于天，成性虽殊而其善也则一。善，其必然也；性，其自然也。归于必然，适完其自然，此之谓自然之极致，天地人物之道于是乎尽。"② 人性的欲、情、知都本于阴阳五行，但具体到每一个人所分于阴阳五行而成的性，则有偏全、厚薄、清浊、昏明之不齐，性虽不同，但是可达到的善则是一致的。性是自然形成的，善则是人性发展的必然结果。由"自然"之人性达到"必然"之善是人性得以充分发展趋渐完善的过程，是人的个体长期不断社会化的结果。

可见，戴震认为人性本身的欲、情、知是无所谓善恶的，他所说的人性善实际上是指人性可以为善，或者人性可以达到善。

第二节　心理实质观

列宁曾说过："感觉、思维、意识是按特殊方式组成的物质的高级产物。"③ 对此，近现代科学心理学也早已做出了具体而又详细的心理实质的验证与解释。不过长久以来，由于社会经济、科学技术的发展限制了人对自然、社会和人自身的认识，两个多世纪之前的人们对心理的实质并没有做出过如此合理的解释，更无法认识到心理是脑的机能，人的心理是客观现实在人脑中的主观映像，人的心理、意识是在劳动和相互交往中，在社会历史条件下形成的。心理学是从哲学分离出来的一门独立的科学，几乎每一个时代的学者对诸如心理实质等心理学重大

---

① 张岱年主编：《戴震全书（六）：孟子字义疏证卷下》，黄山书社1995年版，第183页。
② （清）戴震：《戴震集：孟子字义疏证卷下》，上海古籍出版社1980年版，第312页。
③ ［苏］列宁：《列宁全集（第14卷）》，人民出版社1988年版，第45页。

问题的解释都受哲学思想的影响，甚至就蕴含在其所传达的哲学思想中。

一　气是万物的本源

以戴震为代表的明清时期的思想家和一些科学家在继承了前人的心理学思想的基础上，对心理的实质又做出了许多新的见解。研究任何一位哲学家的哲学思想，不可避免首先要考虑到他们关于世界和人的本源的观点，而要想深入了解和理解一位心理学思想家关于心理学的一些基本观点，则必须首先论及他们关于形神、心身关系的观点。这无论是对于认识其心理实质观还是从紧贴人的真实心理活动、重视人性、重视人自身心理世界的角度来说都具有重要的意义。

戴震的心理实质观渊源极深，大致可以追溯到先秦时期的形神观。从先秦时期伊始，关于形神关系的思想和观点就开始处于不断地交锋和发展中，最突出的莫过于二元论与一元论的争论。以墨子为首的墨家学者以肯定的语气提出了"生：刑与知处也"[1] 的形与知处说，认为形体与精神的"合并同居"才能够有生命，才能表现出生命力；《管子·业内》篇中则以"凡人之生也，天出其精，地处其行，合此以为人。和乃生，不和不生"将形神关系概括为形精合一说。相对于二元论，还有荀子提出的唯物一元论的形神观，他在《天论》中写道，"天职既立，天功既成，形具而神生。好、恶、喜、怒、哀、乐臧焉，夫是之谓天情。耳、目、鼻、口、形，能各有接而不相能也，夫谓之天官。心居中虚，以治五官，夫谓之天君"[2]，这是唯物一元论形神观的典型代表。除此之外，成书于秦汉之前的《黄帝内经》在中医实践的基础上吸收了已有的一元论形神观思想，提出了"形神合一"的形神观点。对此，在第九篇《素问·六节藏象论》中指出，"悉哉问也，天至广，不可度，地至大，不可量。大神灵问，请陈其方。草生五色，五色之变，不可胜视，草生五味，五味之美不可胜极，嗜欲不同，各有所通。天食人以五气，地食人以五味。五气入鼻，藏于心肺，上使五色修明，音声能彰；五味入口，藏于肠胃，味有所藏，以养五气，气和而生，津液相成，神乃自生"。并在第

---

[1]　（春秋）墨子：《墨子·经上》，朱越利注，辽宁教育出版社1995年版，第83页。

[2]　（战国）荀况：《荀子·天论》，杨倞注，上海古籍出版社1988年版，第95页。

七十一篇《灵枢·邪客》也有描述，"心者，五脏六腑之大主也，精神之所舍也，其脏坚固，邪弗能容也。容之则心伤，心伤则神去，神去则死矣"。

形神观发展到了明清时期，已经达到相对成熟的阶段[1]，主要有以王守仁"心身相互依存"为代表的二元论和以王廷相"神必籍形气而有"观点、王夫之"身先心后与心主身辅"观点为代表的唯物一元论。这些观点都不约而同又不可避免地或多或少受到了前辈言论思想的影响。戴震作为唯物论者，继承了荀子的观点，明确提出了唯物主义气一元论，即"一本"论。

"气"是万物本源的思想古已有之，从先秦时期的"精气"说到东汉王充、唐代柳宗元和刘禹锡的元气自然论，再到北宋张载的元气本体论，等等，都是唯物主义气一论的不同表现形态。戴震吸收了前人的这一学说并进一步发扬光大，他认为世界是物质的，它的本质就是"气"，正如他自己所言："天下惟一本，无所外"[2]，这就是他的"一本论"。"气"是宇宙万物的唯一物质实体和本源。为此，他说"阴阳五行之运而不已，天地之气化也，人物之生生本乎是"[3]。气不断分化，形成阴阳两种相对的物质，"在气化，分言之曰阴阳，又分之曰五行；又分之，则阴阳五行杂糅万变"[4]，故"天地间百物生生，无非推本阴阳"[5]。这就是说戴震认为阴阳五行永不停息的运动，构成了宇宙间包括人在内的各种事物。同时，戴震还批判了程、朱"理在气先""理在事先"的唯心主义观点，提出"理在气中""事中求理"。他认为自然的规律同样蕴藏在事物当中，要想找出这些规律，必须要在客观事物中探索，他说："就天地、人物、事为求其不易之则，以归于必然，理至明显也"[6]，明确指出了"理"并非是宇宙和万物的本源、本体，它不过是万物自身的规则和法则，"理"离不开"物"，亦即离不开"气"。总而言之，戴震认为宇

---

① 车文博、燕国材：《心理学思想史（中国卷）》，湖南教育出版社2004年版，第549—553页。

② 张岱年主编：《戴震全书（六）：孟子字义疏证卷下》，黄山书社1995年版，第172页。

③ 同上书，第182页。

④ 张岱年主编：《戴震全书（六）：绪言卷上》，黄山书社1995年版，第90页。

⑤ 张岱年主编：《戴震全书（六）：孟子字义疏证卷下》，黄山书社1995年版，第170页。

⑥ 张岱年主编：《戴震全书（六）：绪言卷上》，黄山书社1995年版，第87页。

宙的客观形态以及客观规律都蕴藏在这个以物质（气）为基础的世界中。有了这样的世界观，就必定会在心理学思想上体现出与之相称的心理观。

二　心理是气的产物

戴震在对我国古代心与身、形与神的众多见解进行总结概括的基础上，对于什么是心理的实质提出了与前人不同的，与其唯物世界观相应的心理实质观。他认为人的心理的实质、心理的本体也是"气"。正如他写道："有血气，则有心知；有心知，则学以进于神明，一本然也；有血气心知，则发乎血气心知之自然者，明之尽，使无几微之失，斯无往非仁义，一本然也。"①

这就是说，戴震认为血气是心理产生的基础，人的一切心理活动归根结底都是血气的产物。人们只有具有血气，才能够有"心知"，即理性认知能力及心理活动，有了"心知"，才能够通过学习来进入神明（思维的能力和结果），通晓得仁义。正如戴震在另一处所言："人生而后有欲、有情、有知。三者，血气心知之自然也。"②他又说："有血气，夫然后有心知，于是有怀生畏死之情，因而趋利避害"③，意即人先有肉体（血气），然后才产生精神（心知），产生"怀生畏死""趋利避害"的情感。

戴震反对老、庄、释氏的"分血气心知为二本"（可称为二本论）的观点，明确地提出了"有血气则有心知"的一本论思想。戴震从形神关系的一本论出发，认为不仅是血气心知，还包括进而出现的欲、情、巧、智等，因此他还进一步阐述了形体与全部心理活动的关系，如他自己所言：

> 凡有血气心知，于是乎有欲，性之徵于欲，声色臭味而爱畏分；既有欲矣，于是乎有情，性之徵于情，喜怒哀乐而惨舒分；既有欲有

---

① 张岱年主编：《戴震全书（六）：孟子字义疏证卷下》，黄山书社 1995 年版，第 172 页。

② 同上书，第 195 页。

③ 张岱年主编：《戴震全书（六）：原善卷上》，黄山书社 1995 年版，第 16 页。

情矣，于是乎有巧与智，性之徵于巧智，美恶是非而好恶分。①

这里同样说明了心理是血气活动的必然结果，人们先有了血气，然后才出现了心知，进而又产生了欲与情，再进一步出现了巧与智。此外，戴震不只是认为"有血气，夫然后有心知"，他还提出了"事至心应""物至迎受"的命题，认为心理活动是主体能动与被动的统一，从而进一步细述了心理现象的来源。他的阐述如下：

> 味也、声也、色也在物，而接于我之血气；理义在事，而接于我之心知。血气心知，有自具之能：口能辨味，耳能辨声，目能辨色，心能辨夫理义。味与声色，在物不在我，接于我之血气，能辨之而悦之；其悦者，必其尤美者也；理义在事情之条分缕析，接于我之心知，能辨之而悦之；其悦者，必其至是者也。②

这就是说，在戴震看来，心理是人脑对客观事物的反映，即"在物不在我"；人的各种感觉器官都具有认识客观事物的感知能力，即所谓"血气心知，有自具之能"，但存在于物的"味、声、色"等和存在于事的"理义"等必须与"有自具之能"的口、耳、目、心相结合才能产生相应的心理活动，孤立而缺少衔接的二者是不能产生心理活动的，并且所有人的认识、情感与欲望都是如此，无一例外。"有所接于目而睹……有所接于耳而闻"③，视听等各种感觉都是"物至而迎受者也"④；"喜怒哀乐之情，感而接于物""给于欲者，声色臭味也"。总之，戴震认为所有的心理活动都是对事物的反映，即"夫事至而应矣，心也"⑤。事至而心则应，心应是应事至；事不至也会存在，但心不会应。"事至心应""物至迎受"清楚地说明了人的心理与客观事物的关系。在他看来，血气（形体，客观存在的物质）（知、情、欲）是心理活动的物质基础，而各

---

① 同上书，第 10 页。
② 张岱年主编：《戴震全书（六）：孟子字义疏证卷下》，黄山书社 1995 年版，第 155—156 页。
③ 张岱年主编：《戴震全书（六）：孟子字义疏证卷下》，黄山书社 1995 年版，第 202 页。
④ 张岱年主编：《戴震全书（六）：原善卷上》，黄山书社 1995 年版，第 20 页。
⑤ 张岱年主编：《戴震全书（六）：孟子字义疏证卷下》，黄山书社 1995 年版，第 60 页。

种心理现象则是血气活动的必然结果。

三 形神统一于血气

首先，在形神关系的问题上，戴震明确地提出了合血气心知为一本的形神观。他指出人们的心知乃至神明仁义，归根到底都是源于血气的，即"有血气，则有心知；有心知，则学以进于神明，一本然也"。人们有了血气，才能具备心知即理性认识能力；有了心知，才能进入神明、通晓仁义。戴震从形神关系一本观出发，进一步阐述了形体与全部心理活动的关系。正如上文中所述，戴震认为，人的一切心理活动都是血气（属于形体）的产物。人先有了血气，然后才出现心知，进而出现欲与情，再进而出现巧与智。总之，戴震认为，血气（形体）是心理活动（知、情、欲）的物质基础，心理是血气活动的必然结果。

其次，在知、情、欲的关系上，戴震明确提出了知情意统一的学说。戴震以"血气心知"或"欲、情、知"为性，亦即不承认"理即性"，从根本上反对程朱理学所提倡的"性即理"的观念。戴震认为，"欲、情、知"都是人性的表现。"欲"的要求是声色嗅味；"情"的发动是喜怒哀乐；"知"的辨别是美丑是非。"声色臭味之欲，资以养其生；喜怒哀乐之情，感而接于物；美丑是非之知，极而通于天地鬼神。声色臭味之爱畏以分，五行生克为之也；喜怒哀乐之惨舒以分，时遇顺逆为之也；美丑是非之好恶以分，志虑从违为之也，是皆成性然也。"① 这样一来，戴震并未将"欲"排斥于人性之外，而是把"欲"直接纳入人性当中。认为欲也就是"性"的内容之一。而"欲"与"情"是人性的要求和表现。戴震认为先有情欲而后有知，"知"是实现"情欲"目的的途径。戴震将这一思想阐述得非常明确。他认为人仅有"情""欲"等本能的追求是不够的，从而强调了"知"的重要性。人的"心知"即认识能力、知觉活动是人所特有的，"知觉运动者，人物之生"，"知"与"情欲"也并不对立，而是为人们追求"情得达""欲得遂"的美好生活服务。因为"欲""情""知"三者都属于自然人性的范畴，所以人们也就必然会去追求情欲的满足，也必然会以"知"来促进"情欲"的实现，并以"知"来给予情欲以适当的控制和调适。

---

① 张岱年主编：《戴震全书（六）：孟子字义疏证卷下》，黄山书社1995年版，第195页。

戴震的形神论所述的"欲""情""知"三者相互作用、相互制约的关系与现代心理学的知、情、意三者相互联系的理论是基本一致的。现代心理学研究表明，人的心理活动过程包括认知、情绪和意志过程即简称为知、情、意。任何心理活动过程都是一定的心理操作的加工程序，其心理操作是一步一步进行的，呈明显的动态。① 在现实生活中，人的认知、情感与意志活动是紧密联系，相互作用的。一方面，"知之深，爱之切"，知识就是力量。另一方面，人的情绪和意志活动也影响认知活动。积极的情感、锐意进取的精神能推动人的认识活动。同时情绪也可以成为意志行动的动力或阻力，而人的意志也可以控制、调节自己的情绪。

第三节　心理发展观

从世界范围来看，戴震所处的时代是为以牛顿力学的建立以及机械自然观和实验数学方法论的形成为其标志的近代科学奠定思想基础的新哲学积极发展的时期，虽然当时并没有实现东西方思想的交融，但并不妨碍思想家们在坚持从物的感觉到思想的唯物主义认识路线的同时凸显"我"作为求"真"的知性主体的地位。求真、说真话原本都是人类的天性，就像"皇帝的新装"一样绝对瞒不过天真孩童的眼睛。而在近代哲学、心理学思想史上，所谓"人的重新发现"无非也就是按照人本来的面目去加以认识。在这样科学精神的指导下，为了按照世界本来面目去认识世界，戴震在认识论上坚持"就其自然，明之尽而无几微之失"②，即先有物的存在，再从物的感觉到思想的唯物主义认识路线。而在心理发展观上戴震则提出按照人的本来面目去认识人自身，鲜明提出了"学者当不以人蔽己，不以己自蔽"的近代命题，并在认识论中凸显出人的主体性。戴震的心理发展观主要集中在他对个体认知和社会性发展的看法上。

一　认知发展阶段论

《礼记·乐记》说："夫民有血气心知之性。""血气"，指人的形体感官，也指感觉能力。"心知"，指思维能力。戴震继承和发挥了这个观

---

①　黄希庭：《心理学导论》，人民教育出版社 2005 年版，第 2—3 页。

②　张岱年主编：《戴震全书（六）：孟子字义疏证卷下》，黄山书社 1995 年版，第 158 页。

点，他说："味也，声也，色也在物，而接于我之血气；理义在事，而接于我之心知。血气心知，有自具之能：口能辨味，耳能辨声，目能辨色，心能辨夫理义。"①"血气心知，有自具之能"，就是说血气心知是人生而具有的感觉能力和思维能力。

戴震认为，人的认知分为两个阶段，一是耳目鼻口等感觉器官所反映的声色味嗅等见闻之知，即感知；二是心知所认识的理义之知，即思维。这两种认识具有不同的性质和作用。前者反映的是事物的外部属性；后者则反映事物的内部本质。前者是"自然"；后者是"必然"。人的认知过程就是从感知到思维，从"自然"到"必然"的过程。

戴震认为人的认知发展包括"感知"和"心知"两个阶段，也就是从感性认识到理性认识的飞跃。戴震认为，声色嗅味等都是客观存在的，正如他所说"盈天地之间，有声也、有色也、有臭也、有味也；举声色臭味，则盈天地间者无或遗矣。外内相通，其开窍也，是为耳目鼻口"②，而要正确地认识客观事物，就必须在感官接触的基础上，通过感知与外在事物的相互作用即"外内相通"予以认识，同时，又要通过"心知"进行更高层次的认识加工即思维，从而通晓和把握事物的客观规律。这在前文论述戴震的心理实质观时已经提到，与此相关的还有许多其他论述。

> 理义非他，可否之而当，是谓理义。然又非心出一意以可否之也。若心出一意以可否之，何异强制之乎？是故就事物言，非事物之外别有理义也。有物必有则，以其则正其物，如是而已矣。就人心言，非别有理以予之而具于心也。心之神明于事物咸足以知其不易之则。譬有光皆能照，而中理者，乃其光盛，其照不谬也。③

戴震所说的"心知"指的是人的认识过程或能力，有时更专指思维，而神明则是指认识的结果或者思维的结果，即通过思维之后所达到的某

---

①　（清）戴震：《戴震集：孟子字义疏证卷上》，上海古籍出版社 1980 年版，第 270 页。
②　张岱年主编：《戴震全书（六）：孟子字义疏证卷下》，黄山书社 1995 年版，第 158 页。
③　同上。

种认识境界。因而戴震把人的认识活动分为两类，一是感知（精爽），主要是用以辨明事物的声、色、嗅、味；二是心知，主要是用来认识事物的理义法则。他又说："知觉云者，如寐而寤曰觉，心之所通者，百体皆能觉，而心之知觉为大"①，认为感知的水平较低，而心知的水平较高。而这也是在认识过程中存在的两种认识途径。另外，戴震以为"心知"虽然是每个人所固有的，但要想更好地发挥心知能力则必须要通过学习。

这也是戴震对于认知的总的看法，在对于"智"的内涵，达到"智"的基本条件、方式，"智"的形成以及认知的途径等问题上，戴震也做出了诸多论述。如他说道：

> 若夫条理之得于心，为心之渊然而条理，则名智。故智者，事物至乎前，无或失其条理，不智者异是。孟子曰："始条理者，智之事也；终条理者，圣之事也。"……得条理之准而藏主于中之谓智。②
> 得乎条理者智，隔于是而病智之谓蔽。③
> 智也者，言乎其不蔽也。④

在"智"的概念的认识上，戴震明确指出了"得乎条理"就是智。这就是说能够正确地认识和掌握事物的规律，如"在天为气化推行之条理，在人为其心知之遄乎条理而不紊，是乃智之为德也"⑤，在这段话中他明确指出，通乎条理、不失条理就是智，与其相反的条理不通和未得条理就是不智。我国心理学家将这称为"智条理说"，认为戴震是继承了孟子和荀子的有关思想提出的两个命题之一。另一个命题被称为"智不蔽说"，戴震说"不蔽，则其知乃所谓聪明圣智也"⑥，就是说不为主客观因素所蒙蔽，能够比较客观地全面地认识事物就是"智"。如果一个人是"不患乎蔽而自智"，从而能认识事物的条理，掌握事物的规律，那就

---

① 高觉敷主编：《中国心理学史（第二版）》，人民教育出版社 2005 年版，第 344 页。
② 张岱年主编：《戴震全书（六）：绪言卷上》，黄山书社 1995 年版，第 100 页。
③ 张岱年主编：《戴震全书（六）：原善卷下》，黄山书社 1995 年版，第 24 页。
④ 张岱年主编：《戴震全书（六）：孟子字义疏证卷下》，黄山书社 1995 年版，第 209 页。
⑤ 同上书，第 206 页。
⑥ 同上书，第 195 页。

是其聪明才智的表现。

　　戴震认为，教育的根本目的是"明理解蔽"，培养"智、仁、勇"的"贤人"。① 他指出："人之不尽其才，患二：曰私，曰蔽。"② 而"蔽也者，其生于心为惑，发于政为偏，成于行为谬，见于事为凿、为愚，其究为蔽之以已"③，人们只有不蔽才能够明理进而达智，"去蔽"是实现才智的必不可少的条件。他又说"蔽生于知之失"④，要"去蔽"就要"重知"。戴震认为"重知"必须立足于"慎思""明辨"，为此他说："圣贤之学，由博学、审问、慎思、明辨而后笃行。"⑤ 除此之外还必须"重学"。戴震说："解蔽，莫如学"⑥，又说"君子慎习而贵学"⑦，还有在前文中所提到的"人之幼稚，不学则愚"，都旨在说明解蔽最根本的途径是通过学习，因为只有认真的学习才能够见闻广博从而才能够"心知之明，进于圣智"⑧。鉴于此，戴震反对孔子"惟上智与下愚不移"的先天人性说教，非常重视后天学习，他认为"惟学可以增益其不足而进于智"⑨。戴震所谓"学"，不是死记硬背教条，不是向故纸堆讨生活，不是食而不化的记问之学，而是一种"贵扩充"（扩充知识）、"贵其化"（消化知识）的学习，还是一种"益吾之智勇"的自得之学，是与"行"密切结合之"学"，从而"学"的知识便与人的行为实践有机地结合了起来。

　　戴震又提出人的认识是一个由"精爽"到"神明"不断深化的过程。戴震认为人的认识仅仅停留在感觉器官感知外物这一阶段是不够的，还必须进入更高的认识阶段。他说："心之精爽，有思辄通。……故孟子曰：'耳目之官不思，心之官则思。是思者，心之能也。'精爽有蔽隔而不能通之时，及其无蔽隔，无弗通，乃以神明称之。"⑩

---

①　李琳琦：《徽州教育》，安徽人民出版社 2005 年版，第 187 页。

②　张岱年主编：《戴震全书（六）：原善卷下》，黄山书社 1995 年版，第 23 页。

③　同上。

④　张岱年主编：《戴震全书（六）：孟子字义疏证卷上》，黄山书社 1995 年版，第 160 页。

⑤　张岱年主编：《戴震全书（六）：孟子字义疏证卷下》，黄山书社 1995 年版，第 211 页。

⑥　张岱年主编：《戴震全书（六）：原善卷下》，黄山书社 1995 年版，第 23 页。

⑦　同上。

⑧　张岱年主编：《戴震全书（六）：孟子字义疏证卷下》，黄山书社 1995 年版，第 213 页。

⑨　张岱年主编：《戴震全书（六）：孟子字义疏证卷上》，黄山书社 1995 年版，第 156 页。

⑩　同上。

戴震进一步强调说："然闻见不可不广，而务在能明于心。一事豁然，使无余蕴，更一事而亦如是，久之，心知之明，进于圣智，虽未学之事，岂足以穷其智哉！……心精于道，全乎圣智，自无弗贯通，非多学而识所能尽；苟徒识其迹，将日逐于多，适见不足。"①

这段话说明，能明于心比广闻见更为重要可靠。只要明于心，对事物的认识就会豁然贯道，从而达到由"精爽"进到"神明"的飞跃。戴震还指出，人的认识不但是一个由"精爽"进到"神明"的发展过程，也是一个由"自然"过到"必然"的过程，正如他所说："必然之于自然，非二事也。"②

二　人性发展扩充论

戴震的社会性发展观主要体现在他人性发展的思想上。他认为凡事物都有性，认为人性是与天地万物相联系的，他说：

> 有天地，然后有人物；有人物而辩其资始，曰性。人与物同有欲，欲也者，性之事也。③

> 性者，分于阴阳五行以为血气、心知、品物，区以别焉，举凡既生以后所有之事，所具之能，所全之德，咸以是为其本，故《易》曰"成之者性也"。气化生人生物以后，各以类滋生久矣；然类之区别，千古如是也，循其故而已矣。……分于道者，分于阴阳五行也。④

戴震的人性论是从其自然宇宙观合乎逻辑地引申发展而来，从"道之实体"合乎逻辑地引申出"性之实体"。戴震明确地指出，人性没有"天命之性"和"气质之性"的区别，人性就是"自然本性"。同时，戴震对孟子的"人性"重新诠释，从《礼记·乐记》"夫民有血气心知之性，而无哀乐喜怒之常；应感起物而动，然后心术形焉"中把"血气心

---

①　张岱年主编：《戴震全书（六）：孟子字义疏证卷下》，黄山书社1995年版，第213页。

②　《戴震全集（一）：绪言卷上》，清华大学出版社1994年版，第79页。

③　张岱年主编：《戴震全书（六）：原善卷下》，黄山书社1995年版，第9页。

④　张岱年主编：《戴震全书（六）：孟子字义疏证卷中》，黄山书社1995年版，第180页。

知"提取出来,对传统的"性善论"做出独具创新的释义。

首先,戴震的人性论指出了人性是自然属性和社会属性的统一。戴震依据孟子的"人无有不善"说,以"血气心知"为道德的基础,驳斥了人欲(生命本能)为恶说,论证了人性善。在人性构成问题的探讨上,戴震明确地指出人性构成的实质是理性因素与非理性因素的关系,详细地阐述了人的"欲、情、知"三者的有机统一。戴震认为"耳目口鼻之欲"和"理义之心"皆属人的自然本性。"耳之于声,目之于色,鼻之于臭,口之于味之为性","心之于理义,亦犹耳目鼻口之于色声臭味也","人心之通于理义,与耳目鼻口之通于声色臭味,咸根诸性"①,"心之于理义,一同乎血气之于嗜欲,皆性使然耳"②。二者虽同属人性,但各自具有独特功能,各自反映了人性的一个侧面,因而二者不可或缺,都有其存在的充分理由。"血气心知,有自具之能:口能辨味,耳能辨声,目能辨色,心能辨夫理义。"③ 其中,"耳目口鼻之欲"出于人身,反映了人的生命本能,维系着人的肉体生命的存在和延续,是人之为人的物质前提与基础。"理义"则来源于"心",而"心知"能够明辨人的欲望和行为是否得当、是否合理。"理义之心"不能代替人的"耳目口鼻之欲"对人的滋养作用。"生养之道,存乎欲者也"④,"凡出于欲,无非以生以养之事"⑤。"耳目口鼻之欲"只是滋养"理义之心",而不能取代"理义之心"明辨是非的能力。戴震彻底地贯彻唯物主义的思想路线,否定了人的欲望的邪恶性,也否定了产生这一欲望外部世界的邪恶性。戴震认为,"性,譬则水也;欲,譬则水之流也;节而不过,则为依乎天理,为相生养之道,譬则水由地中行也"⑥。戴震以"性"比作水,以欲比作流,说明对欲望节制而不过分,就是合乎天理,就是人们的生养之道。归根结底,不是欲望本身,而是对欲望的处置不当,导致了欲望的流变。总之,在人性构成理论的基础上,戴震从正面阐述了理性与本能的关系,而且指出了正确的人性构成应当是将人性的两大层次作为一

---

① 张岱年主编:《戴震全书(六):孟子字义疏证卷上》,黄山书社1995年版,第157页。
② 同上书,第158页。
③ 同上书,第155页。
④ 张岱年主编:《戴震全书(六):原善卷上》,黄山书社1995年版,第10页。
⑤ 张岱年主编:《戴震全书(六):孟子字义疏证卷上》,黄山书社1995年版,第160页。
⑥ 同上书,第162页。

个整体。

戴震把人性结构分为人性的自然结构和社会结构两种模式。戴震看来，才、性、命是一个具有内在必然性的有机整体，它们从不同侧面揭示了人性的自然本质属性。"成是性，斯为是才。别而言之，曰命，曰性，曰才；合而言之，是谓天性。"① 才、性、命三者构成了人性的自然本质。戴震以器具为喻，形象地说明了三者之间的辩证关系。他说："犹金锡之在冶，冶金以为器，则其器金也；冶锡以为器，则其器锡也；品物之不同如是矣。从而察之，金锡之精良与否，其器之为质，一如乎所冶之金锡，一类之中又复不同如是矣。为金为锡，及其金锡之精良与否，性之喻也；其分于五金之中，而器之所以为器即于是乎限，命之喻也；就器而别之，孰金孰锡，孰精良与否，才之喻也。"② 在才、性、命三个范畴中，性是最基础、最根本的东西。正如前文中已有提及的"性，言乎成于人人之举凡自为。性，其本也"。关于"性""命"关系，戴震认为，"性"具有主动性，而"命"则具有受动性，是得之于天的必然性。戴震同时指出，人性的社会结构模式由欲、情、知三个不同的层面构成。戴震从人的本能欲望、感知能力及道德理性三个层面阐明了人性的社会结构模式，认为三者之间具有内在的统一性。人的本能欲望和感知能力符合最高准则，便是'善"，便是"中正"。所谓"善"，所谓"中正"，并不是理学家所言的是道德本体，而是根源于人的本能欲望和感知能力并由此延伸发展的必然逻辑结果。由于"五行阴阳"是"天地之能事"的基础，若人的本能欲望、感知能力与天地本性相协调，人的行为就完满自如，就会顺应时令而无所违背；若人的本能欲望、感知能力与天地本性相背离，只顾得"遂己之欲"，就必然会伤害仁义等道德原则。因而戴震提出了要使人性沿着正常的方向发展，要使社会达到和谐稳定的局面，就要做到"体情遂欲""以情絜情""情得其平"，这一思想是戴震从自然人性论向其新伦理思想过渡的重要方面，其具体表现就是戴震在社会伦理、政治领域中阐述的理、欲思想及自然、必然思想。

其次，戴震在人性论中提出了性善说。戴震认为："善：曰仁，曰

---

① 张岱年主编：《戴震全书（六）：孟子字义疏证卷下》，黄山书社 1995 年版，第 196 页。
② 同上书，第 195 页。

礼，曰义，斯三者，天下之大衡也。"① "善"包括仁、义、礼三个方面，它们是衡量天下之事的重要标准。其中的"仁"是最重要的。戴震认为能思的"心知"是人与动物、人与人相区别的根据，也是人性得以"为善"的根据。"专言乎血气之伦，不独气类各殊，而知觉亦殊。人以有礼义，异于禽兽，实人之知觉大远乎物则然，谓性善。"② 人之异于禽兽，最重要的是人的知觉活动能认识仁、义、礼此孟子所、智等道德范畴，远远胜于禽兽。戴震进一步指出"人之心知，于人伦日用，随在而知恻隐，知善恶，知恭敬辞让，知是非，端绪可举，此之谓性善"③。这里可以看到人的"心知"可以明辨美丑是非是人的天性。戴震看来，"心知"能知理知义，就是性善，人性善也就是人的心知能知理知义的善，它表现为人道，就是君臣、父子、夫妇、兄弟、朋友等伦理道德。戴震认为人的气质之性、血气心知之性、情欲等都是"善"的。戴震的"性善"是从认识论上而言的，人人皆能知理知义，故人性善。但这只是一种潜能，还需要努力，如不学以充养其知，则仍不免于愚恶。从这个观点出发，戴震认为善恶的区别不在于能否"存天理，去人欲"，而在于"理"能否指导"情欲"。他认为理与情欲是分不开的，"欲，其物；理，其则也"④。总之，戴震把人性归结为自然情欲，他以情欲为性而反对理学以理为性，他的人性论达到了古代人性论的最高水平。

戴震主张人性的气禀论，他认为："人之为人，舍气禀气质，将以何者谓之人哉?"⑤ 他对人之性的论述秉承了他的心理实质观，在其看来，人的一切心理活动如感知、思维、情感、需要、智能、品德等都以气（我们现在所指的神经系统）为基础，人性的不同，也是由于气（神经系统）的"偏全、厚薄、清浊、昏明之不齐"（神经系统的强弱、灵活性、平衡性）来决定的。同时戴震又是一位性习论者，他非常重视后天教养的作用，在他看来只要一个人能够贵学、行习，就能够形成良好的人性。他说：

---

① 张岱年主编：《戴震全书（六）：原善卷上》，黄山书社1995年版，第7页。
② 张岱年主编：《戴震全书（六）：孟子字义疏证卷中》，黄山书社1995年版，第191页。
③ 同上书，第183页。
④ 张岱年主编：《戴震全书（六）：孟子字义疏证卷上》，黄山书社1995年版，第160页。
⑤ 同上书，第190页。

分别性与习，然后有不善，而不可以不善归性。凡得养失养及陷溺梏亡，咸属于习。①

正所谓"苟得其养，无物不长；苟矢其养，无物不消"②，而用他的话来说："得养不得养，遂至于大异"，"食以养其生，充之使长。学以养其良，充之贤人圣人"③。

由此看来，戴震既是一位气禀论者又是一个性习论者，主张人性有气禀决定而由学习、行习形成，在他看来这两者是统一于气的。

戴震在其人性的自然结构中，认识到了人与人之间的差异不仅在自然性上，而更主要的在于其社会性的发展上。后天的习染和学习是人性由自然状态向社会状态转化的必然契机。这些观点与荀子的学说有许多相合的地方。对于戴震与荀子之间的关系，近现代已有不少学者看到了这一点。章太炎就指出："极震所议，与孙卿若合符。"④ 钱穆也指出："今考东原思想，亦多挂本晚周……而其言时近荀卿。"⑤ 容肇祖也肯定地认为"戴震的学说，多渊源于荀子。戴震说'解蔽莫如学'，而荀卿则有《解蔽篇》，又有《劝学篇》为《荀子》一书的冠首"⑥。可以说，荀子的人性论给了戴震许多启示，强调了人性是一切社会存在的基础，同时也强调了后天学习对改变人性的重要性。

戴震在人的社会性发展上提出人的发展是一个由"蒙昧"到"圣智"不断发展扩充的过程。认为人性并不是一成不变的，它可以在后天的外在因素影响下，可以由弱变强、由狭小变广大，由暗昧变明察，并"极而至乎圣人之神明"。戴震的这个观点，在另一处也得到了肯定的阐述："试以人之形体与人之德行比而论之，形体始乎幼小，终乎长大；德性始乎蒙昧，终乎圣贤。其形体之长大也，资于饮食之养，乃长日加益，非

---

① 张岱年主编：《戴震全书（六）：孟子字义疏证卷上》，黄山书社 1995 年版，第 185—186 页。

② 同上书，第 184 页。

③ 同上书，第 159 页。

④ 张岱年主编：《戴震全书（七）：释戴》，黄山书社 1995 年版，第 338 页。

⑤ 钱穆：《中国近三百年学术史（上册）》，商务印书馆 1997 年版，第 394 页。

⑥ 张岱年主编：《戴震全书（七）：戴震说的理及求理的方法》，黄山书社 1995 年版，第 434 页。

'复其初'；德性资于学问'进而圣智'非'复其初'明矣。"①

　　戴震的人性论与人本主义心理学的人性观是基本一致的。人本主义心理学家同样非常重视人性的研究，并把人性置于心理学研究的核心地位。人本主义心理学家认为，首先，人性的显著特点是"持续不断地成长"，人性是发展的，是以自然属性为基础，不断地发展和完善自我的社会属性。这与戴震指出人性的自然属性和社会属性的统一性是基本一致的。其次，人本主义心理学家同样认为人性天生是善的。他们相信，人类有机体有能力进行自我指导，能够对自己的存在方式负责。② 在自我实现的动机驱使下，人性就能不断向着健康的方向发展，这与戴震性善论是完全一致的。

第四节　心理差异观

　　心理差异观，主要包括人与动物的心理差异以及主体之间的心理差异，重在突出人类心理发展的优越性和个体心理的独特性。戴震被视为一个极富人本精神的心理学思想家，已经无数次强调他对撇开人性而空谈理学的反感，他的心理学思想中也一直贯穿着对主体"人"的重视，因而认识到个体之间的心理差异以及主体的独特性是其作为心理学思想家的必然，这在之前的心理学思想家中是较少见的，他对"人贵"思想和个体差异观的系统阐释充分反映出了他对心理差异的重视和对心理差异认识的深刻。

一　人与动物心理差异

　　"人贵论"在世界古代心理学思想中可谓早已有之，在我国更是渊源久远。最早大约见于《尚书》，《尚书·泰誓》说："惟天地，万物父母；惟人，万物之灵。"③ 此后不同时代，相继还有一些相关的精辟论断。诸如《孝经·圣治章》中曰："天地之性（生），人为贵"；荀子在说《荀

---

① 张岱年主编：《戴震全书（六）：孟子字义疏证卷上》，黄山书社 1995 年版，第 167 页。
② 叶浩生：《西方心理学的历史与体系》，人民教育出版社 1998 年版，第 536—538 页。
③ 柴华主编：《中华文化名著典籍精华（上册）》，黑龙江人民出版社 2004 年版，第 233 页。

子·王制篇》中也有"人有气、有生、有知亦且有义，故最为天下贵"的描述；孙膑在《孙膑兵法·月战》中指出，"问于天地之间，莫贵于人"；班固在《前汉书·董仲舒传》中表述了董仲舒"人受命于天，固超然异于群生"的观点；《王氏家藏集·鸟生八九子篇》中王廷相说，"人为万物之灵，厥性智且才，穷通由己"。而戴震的"人贵论"也继承了我国传统的人"最为天下贵"的思想，并从人类整体的角度全面分析了"人贵"的由来，即人与动物心理的差异，总结并形戍了中国历史上继先秦以来第二次对人的发现。这与他的人本主义心理学思想是一致的。

戴震首先从他的气一本论出发，追溯了人与动物心理差异的本性源头，认为人与动物虽然都是因血气而生，但是气有"全偏""清浊""厚薄""明昏"之分，他说："一言乎分，则其限之于始，有偏全、厚薄、清浊、昏明之不齐，各随所分而形于一，各成其性也。"① 人所禀受的是全、清、厚、明之气，动物禀受的是偏、浊、薄、昏之气，在他看来，虽然人与动物同样具有着如"精爽""怀生畏死""趋利避害"这样一些本能的或较低级的心理现象，但人的心理较之动物心理更复杂，是心理的高级形式，即所谓"得天地之全能，通天地之全德"②。然后戴震又从几个方面进一步区分了人与动物心理的差异。

（一）人与动物思维发展差异

戴震认为人与动物心理差异首先表现在人具有较高的智能发展水平而动物没有。人有抽象思维，能够认识到事物的规律、法则并驾驭客观事物，但是动物却对此无能为力。这是人与动物心理的根本区别。他说：

> 人之异于禽兽者，虽同有精爽，但人能进于神明。
> 物循乎自然，人能明于必然，此人物之异，孟子以"人皆要以为尧舜"断其性善，在此也。③
> 智足知飞走蠕动之性，以驯以豢，知卉木之性，以生以息，良

---

① 张岱年主编：《戴震全书（六）：孟子字义疏证卷中》，黄山书社1995年版，第180页。
② 张岱年主编：《戴震全书（六）：原善卷中》，黄山书社1995年版，第16页。
③ 张岱年主编：《戴震全书（六）：原善卷上》，黄山书社1995年版，第100页。

农任以莳刈，良医任以处方。①

这几段话表明，戴震认为虽然动物与人同样具有某些低级心理现象（精爽），但由于人拥有动物发展所不及的高水平的思维能力，由于人是有思想有智慧的，能够认识客观规律客观世界，因而人比动物高贵。

现代心理学研究表明，动物心理的演化可以分为三个基本阶段②：感觉阶段、知觉阶段和思维萌芽阶段。这就是说，对动物而言，其心理发展所能达到的最高水平就是思维萌芽阶段，而人则具有高度发展的思维能力。同时现代心理学研究也表明了人与动物的重要区别之一就是人不但具有一定的本能，而且拥有很多诸如驯养动物、种植花木，甚至将它们用作药物来治病这样一些通过后天习得的能力，但是动物生存所凭借的却只能是其天生的本能。故而，中国古人能够认识到万物之灵高贵的缘由在于人的智能发展水平更高，拥有动物所不具有的思维和能力，这一看法与现代心理学对这个问题的研究成果有切合之处，这在当时的认识发展水平之下无疑是极其可贵的。

（二）人与动物能力应用差异

戴震认为人与动物的心理差异不仅在于人具有较高级的抽象思维能力，能够认识客观世界、客观规律，还在于人能够在认识的同时在实践中积极主动地对规律加以把握和利用，使其有利于自己的行为，而动物却没有相应的能力。他说：

> 夫人之异于物者，人能明于必然，百物之生各遂其自然也。③
> 物不足以天地之中正，是故无节于内，各遂其自然，斯已矣。④
> 人有天地之知，能践乎中正，其自然则协天地之顺，其必然则协天地之常，莫非自然也，物之自然，不足语于此。⑤

也就是说，动物"无节于内"只能顺其自然，消极被动地受自然影

---

① 张岱年主编：《戴震全书（六）：原善卷中》，黄山书社1995年版，第17页。
② 曹日昌：《普通心理学（合订本）》，人民教育出版社1987年版，第77—84页。
③ 张岱年主编：《戴震全书（六）：孟子字义疏证卷上》，黄山书社1995年版，第169页。
④ 张岱年主编：《戴震全书（六）：原善卷中》，黄山书社1995年版，第18页。
⑤ 同上。

响；而人能够"明于必然"并"践乎中正"，即能够掌握和利用事物的规律，因而能够知物驭物，并且发挥主观能动性调控自己的行为，积极主动地改造自然。

"人贵论"思想自先秦产生以来，一直为后世的学者所继承和发扬，成为中国古代心理学思想中最具特色的观点之一，但是多数学者只是提出了这一主张而没有深入地探讨和说明人贵于万物的原因，因而戴震的观点比之前人的论述就显得更为全面、具体和深入，也是弥足珍贵的。

（三）人与动物社会性心理差异

戴震认为人有礼义之类的社会性心理素质而动物则无，因此人比动物高贵。他说：

> 人之异于禽兽者，以有礼义也。①
> 人以有礼义异于禽兽，实人有智大远乎物。②

这都表明在戴震看来人是具备社会伦理意识的，人们可以通过伦理道德维系和规范人与人之间交往关系，而动物不能，它们只是靠天生的本能来生存。同时，戴震又从人性与物性的对立来论证人与动物的心理差异。他认为人性不同于物性，人和动物心理的差别还在于人有人性。他说：

> 性者，飞潜动植之通名；性善者，论人之性也。③
> 无人性即所谓见其禽兽也。④

马克思认为，人的本质不是单个人所固有的抽象物，在其现实性上，它是一切社会关系的总和。戴震所代表的中国古代思想家能认识到人贵于万物，是由于人具有很多社会性心理素质，这种看法有其一定的合理之处。

---

① 张岱年主编：《戴震全书（六）：原善卷下》，黄山书社 1995 年版，第 27 页。
② 《戴震全集（一）：孟子私淑录卷中》，清华大学出版社 1991 年版，第 52 页。
③ 张岱年主编：《戴震全书（六）：孟子字义疏证卷中》，黄山书社 1995 年版，第 190 页。
④ 同上书，第 185 页。

二　人与人心理差异

戴震不仅对人与动物的心理差异作了比较，而且还探讨人与人之间的心理差异。

在戴震之前，一些理学家把人性分为义理之性和气质之性两种，把气质的不同和变化看作教育的作用①。戴震不同意诸如此类的观点，戴震从他的气一本论出发坚决主张血气心知是性之实体，反对把人性分成两类。在戴震看来，所谓"性"是源于阴阳五行所构成的个人特质，"性"的存在是由阴阳五行之气所决定的，是实实在在的存在。人因为阴阳五行之气存在"偏全厚薄""清浊昏明"之不同，故"性"表现出不同的类别和本性，由阴阳五行之气决定着"性"的产生、性质和内容。

戴震言道："言分本于阴阳五行以有人物，而人物各限于所分已成其性。阴阳五行，道之实体也；血气心知，性之实体也。有实体，故可分；惟分也，故不齐。古人言性惟本于天道如是。"② 这段话不仅说明了每个人的气质禀赋是有差别的，"性"没有义理之性和气质之性的分别，还承认了"分"以及人与人之间存在的"不齐"。这也就初步认识到了每个人都有其个性，个体之间个性上存在着差异，即所谓的"不特品物不同，虽一类之中又复不同"③。戴震又进一步论述了人与人之间在认知上存在的差异。一般认为智与能是在才的基础上产生的，故又称智为才智。因而，在戴震看来，认知心理的差异也是由才智来决定，也就是说由于人与人之间才智上的不同，从而决定了人与人之间认知乃至智能上的差异，对此，戴震做了进一步的说明："才者，人与百物各如其性以为形质，而知能遂区以别焉，孟子所谓'天之降才'是也。……由成性各殊，故才质亦殊。"④ 他又说："以人物譬之器，才则其器之质也；分于阴阳五行而成性各殊，则才质因之而殊。犹金锡之在冶，冶金似为器，则其器金也；冶锡以为器，则其器锡也；品物之不同如是矣。"⑤ 即人与人才质的不同，

---

① 毛礼锐、瞿菊农、邵鹤亭编：《中国古代教育史》，人民教育出版社 1983 年版，第 465 页。

② 张岱年主编：《戴震全书（六）：孟子字义疏证卷中》，黄山书社 1995 年版，第 175 页。

③ 同上书，第 180 页。

④ 张岱年主编：《戴震全书（六）：孟子字义疏证卷下》，黄山书社 1995 年版，第 195 页。

⑤ 同上。

是由于"成性各殊"的缘故。人与人之间虽存在着巨大差别，但却无法
改变人的自然本性，就象五金中以"黄金为贵"这一基本现实一样，以
金为质料的器皿就是金器，用锡为质料的就是锡器。在这里，戴震强调
了先天作用对于人之间心理差异影响。但戴震继而又强调了后天习得对
个人的心理差异的影响，他说：

　　　　人之血气心知，其天定者往往不齐，得养不得养，遂至于大异。①

　　这段话中，戴震继首先指出人的血气、心知的差异是由于先天的
"不齐"，又指出后天"得养"与否造成了"大异"，也就是说人由于先
天的遗传因素而产生了心理差异，在后天受到了不同教育的影响后引起
了人与人之间更大的心理差异②。戴震认为后天的影响要更大一些，因而
非常重视教育的作用，认为"然人与人较，其材质等差凡几？古圣贤知
人之材质有等差，是以重问学，贵扩充"③。

　　从目前主流的心理学观点看来，戴震的观点在两百多年之前是很
"前卫"的，他不片面强调遗传（天定）或后天（得养）对心理差异的
影响作用，而是综合考虑了两者对心理差异的共同作用，同时又认为后
天的影响要更大一些（大异），这不仅与古人"习相远"的心理差异观保
持了基本一致，也接近于现代心理学关于心理差异思想的理论。

　　在翻阅诸多古代心理学思想著作时发现，在科学心理学的大旗竖起
之前，关于心理差异的思想，特别是"人贵论"和"差异观"早已蕴含
在先贤的著作中。诚然，长久以来对此断断续续的论述并没有能够获得
今世学者足够的重视和发扬，但相关著述的稀少注定无法掩盖我国古代
心理学思想中这些符合于科学的观点在今天散射出独特而又令人骄傲的
光辉。潘菽和高觉敷就曾在他们合著的《组织起来，挖掘我国古代心理
学思想的宝藏》一文中，提出过八种应当珍视的中国古代心理学思想基
本理论④，其中之一就是突出主体差异的"人贵论"，可以说"人贵论"

---

　　① 张岱年主编：《戴震全书（六）：孟子字义疏证卷上》，黄山书社 1995 年版，第 159 页。
　　② 燕国材：《中国心理学史》，浙江教育出版社 1998 年版，第 580 页。
　　③ 张岱年主编：《戴震全书（六）：孟子字义疏证卷下》，黄山书社 1995 年版，第 167 页。
　　④ 潘菽、高觉敷：《组织起来，挖掘我国古代心理学思想的宝藏》，《心理学报》1983 年第
2 期，第 138—143 页。

是中国乃至世界心理学思想史上的亮点之一。对正如潘菽所说："心理学是一门研究人的最主要的科学。心理学如果看不到人是世界万物中最可贵的东西，就会忽视了它自己的一项最重要的任务，即阐明人的最重要的本质特征和所发挥的重要作用。所以，人贵思想是心理学所需要的一种最根本的思想。没有这样的认识，就会把人和动物以至于一般生物混为一谈，以致使心理学模糊了或者完全忽视了自己最核心的课题。"[①] 所以当我们重新审视戴震的心理学思想时，他对"人贵论"和心理差异观的详细论述以及字里行间所显现出来的"人本""人性"就越发难能可贵。

第五节　心理功能观

现代心理学已有结论告诉我们，现实生活中，各种心理活动无时无刻不在发挥着各自的功能和作用。可以说有人的地方、有生活的地方就有活动和心理现象。关于这一点，戴震的看法主要集中在对认知、情欲以及智力功能的一些观点上。

一　知的功能

在戴震看来，认知能力是人所固有的，即前面所说的"凡血气之属，皆有精爽""有血气，夫然后有心知"。燕国材认为，戴震所谓的"精爽"包括了人的两种不同层次的认识能力，即我们通常所说的感觉和思维[②]。感知是人与动物所共有的认识能力，是"耳目鼻口之官"等感觉器官与声色嗅味等客观物质属性内外相接所产生的，如声音与耳相互作用引起了听觉，颜色与目相互作用引起了视觉，气味与鼻相互作用产生嗅觉，滋味与口相互作用产生味觉等。戴震说："耳能辨天下之声，目能辨天下之色，鼻能辨天下之臭，口能辨天下之味。"[③] 在这里，戴震用简洁语言表明了感觉的功能，即对于客观事物基本属性的认识。关于心知，戴震认为心知是"心之官"系统有所具有的功能，是人类特有的。对于心知

---

①　潘菽：《中国古代心理学思想刍议》，《心理学报》1984 年第 2 期。

②　燕国材：《中国心理学史》，浙江教育出版社 1998 年版，第 564 页。

③　张岱年主编：《戴震全书（六）：原善卷中》，黄山书社 1995 年版，第 18 页。

的作用，他说："'耳目之官不思，心之官则思。'是思者，心之能也"①，认为"心之官"的作用就在于"思"。心知（即思维、神明）的作用很大，能够认识事物的必然性和规律性，即所谓"心能通天下之理义"②。对此，戴震说过一段很有意义的话：

> 是故就事物言，非事物之外别有理义也；"有物必有则"，以其则正其物，如是而已矣。就人心言，非别有理以予之而具于心也；心之神明，于事物咸足以知其不易之则。③

这段话的意思是说，事物的存在必定有其必然性和规律性的东西，这些理则存在于事物之内而非事物之外，思维能够"于事物咸足以知其不易之则"，即"人能明于必然"。戴震甚至还对知所能达到的做出了说明，他说："美丑是非之知，极而通于天地鬼神"，"惟人之知，小之能尽美丑之极至，大之能尽是非之极至"④。至此，不难看出戴震从人的生理机制和心理活动上将人的认知区分为两个具有不同功能的系统，即我们通常所说的感知系统和思维系统。对于这两个不同层面认知系统的关系，戴震又作了进一步说明。

> 耳目口鼻之官各有所司，而心独无所司，心之官统主乎上以使之，此凡血气之属皆然⑤
>
> 心能使耳目鼻口，不能代耳目鼻口之能，彼其能者各自具也，故不能相为。⑥
>
> 耳鼻口之官，至道也；心之官，君道也。臣效其能而君正其可否。⑦

在戴震看来，耳目鼻口之官是臣子，心之官是君主。心之官的地位

---

① 张岱年主编：《戴震全书（六）：孟子字义疏证卷上》，黄山书社1995年版，第156页。
② 张岱年主编：《戴震全书（六）：原善卷中》，黄山书社1995年版，第18页。
③ 张岱年主编：《戴震全书（六）：孟子字义疏证卷上》，黄山书社1995年版，第195页。
④ 张岱年主编：《戴震全书（六）：孟子字义疏证卷下》，黄山书社1995年版，第58页。
⑤ 张岱年主编：《戴震全书（六）：孟子私淑录卷中》，黄山书社1995年版，第157页。
⑥ 张岱年主编：《戴震全书（六）：孟子字义疏证卷上》，黄山书社1995年版，第158页。
⑦ 同上。

更高，是活动的中枢，可以统率、主宰耳目鼻口之官，但又不能代替耳目鼻口之能。戴震还认为感觉器官认识的是事物所固有的声色嗅味等表层属性，但必须通过心知（思维、神明）来明其理、通其则才能够把握事物深层的规律性。其中心知的作用更大，感知的正确与否又必须由心知来定夺①，即"臣效其能而君正其可否"②，可以说感知是心知的基础，而心知是感知的深化。戴震的这个观点虽然没有能够深入挖掘两者的复杂关系，但在一定程度上是符合事实而正确的。

二　智的功能

关于智，戴震认为这是人的一种不为主客观因素所蒙蔽而对事物的规律加以认知和掌握的能力。戴震的关于"智"的论述十分丰富，对于"智"的功能，我们可以从戴震所说的话中略知一二，他说：

> 天下事情，条分缕（晰）〔析〕，以仁且智当之，岂或爽失几微哉！③
>
> 言乎其尽道，莫大于仁，而兼及义，兼及礼；言乎其能尽道，莫大于智，而兼及仁，兼及勇。④
>
> 从生，而官器利用以驳；横生，去其长，不暴其使。⑤
>
> 人之有觉也，通天下之德，智也。⑥
>
> 明乎礼义即智也。"智仁勇三者，天下之达德"，而不言义礼，非遗义遗礼也，智所以知义，所以知礼也。⑦
>
> 故人莫大乎智足以择善也；择善则心之精爽进于神明，于是乎在。⑧

---

① 韦茂荣：《试论戴震的心理学观点》，《心理学报》1981 年第 4 期。
② 张岱年主编：《戴震全书（六）：孟子字义疏证卷上》，黄山书社 1995 年版，第 158 页。
③ 同上书，第 151 页。
④ 张岱年主编：《戴震全书（六）：孟子字义疏证卷下》，黄山书社 1995 年版，第 208 页。
⑤ 张岱年主编：《戴震全书（六）：原善卷中》，黄山书社 1995 年版，第 16 页。
⑥ 张岱年主编：《戴震全书（六）：原善卷下》，黄山书社 1995 年版，第 25 页。
⑦ 张岱年主编：《戴震全书（六）：孟子字义疏证卷下》，黄山书社 1995 年版，第 202 页。
⑧ 张岱年主编：《戴震全书（六）：原善卷中》，黄山书社 1995 年版，第 16 页。

通过以上几条短论，我们可以发现，戴震对智的功能大致可以归纳为：尽道、处事、通德、择善。如前所述，他认为，人和动物虽然同有"精爽"，都具备感觉能力，但"人能进于神明"，人在"神明"阶段便显示出了特有的认知功能，即人之"觉"能够发现并掌握事物的规律与条理。由此，人们能够"明于必然""通于理义"，也就可以在处理事情时充分地发挥人的主观能动性，自主选择相应的知识和方法来解决所遇到的问题，不必像动物一样"遂其自然"。这也就是说，戴震认为人们通过智的功能不仅能够实现豢养动物、种植花木、制药救人等"知物驭物"的目的，还能够掌握日常社会生活中等"人伦日用"的道理；可以"通天下之德"，即所谓的"知德者智"①。能够了解仁、义、礼、勇等美德而"知恻隐，知羞恶，知恭敬辞让，知是非"②，并按照这些道德规范办事；可以择其善者而从之，凭借所掌握的"神明"选择正确的方法和态度来处理天下事，"施者行不缪矣"③，使它不会发生丝毫的错误。

三　情的功能

在探讨"情"的问题时，戴震提出了"安有情不得而理得""情之至于纤微无憾是谓理"等命题。他反对舍情求理，实际上认为理应从情出，"理也者情之不爽失也，未有情不得而理得者也。凡有所施于人，反躬而静思之：'人以此施于我，能受之乎？'凡有所责于人，反躬而静思之：'人以此责于我，能尽之乎？'以我絜之人，则理明。天理云者，言乎自然之分理也；自然之分理，以我之情絜人之情，而无不得其平是也。……好恶既形，遂己之好恶，忘人之好恶，往往贼人以逞欲。反躬者，以人之逞其欲，思身受之之情也。情得其平，是为好恶之节，是为依乎天理"。"在己与人皆谓之情，无过情无不及情谓之理。"④他还主张"体情遂欲"，这些都反映出了戴震对于情的重视。

"絜矩之道"一语最早出现于《大学》，是指以直角求矩形的方法。戴震按照自己的世界观、方法论，独创"絜情"之说。即，以自己爱恶

---

① 张岱年主编：《戴震全书（六）：原善卷中》，黄山书社1995年版，第15页。
② 张岱年主编：《戴震全书（六）：孟子字义疏证卷中》，黄山书社1995年版，第183页。
③ 张岱年主编：《戴震全书（六）：原善卷下》，黄山书社1995年版，第24页。
④ （清）戴震：《孟子字义疏证》，何文广整理，中华书局1982年版，第1—2页。

之情来推度他人："以我挈之人则理明。""天理云者，言乎自然之分理也。自然之分理，以我之情挈人之情而无不得其平是也。"① 人有情欲并不意味着你可以任意做什么事，因为如果你有情欲可以做的话，那么就意味着别人也有自己的情欲。所以情欲的真正界限就在于以己度人，己所不欲勿施于人。他认为，只有人与人之间在感情上挈度相通的情况下，每个个体才可能获得真正的情欲，也唯有在他人的情欲不受压抑、不受干扰时，自己的情欲才是有保障的。

　　戴震提出的"挈情说"主要是提倡其在人际交往过程中的作用。"挈情说"是指在处理人际关系时，以自身情感为出发点来体会和理解别人的感受，亦即站在别人的立场上去考虑问题，犹如常说的俗语"将心比心"和现代心理学所提的"角色互换法"，这在两百多年前来看，无疑具有重要的社会心理学意义。不仅如此，戴震认为情感相对于义理来说也并不是孤立的，戴震在这一方面是具有一定创建性。他认识到了情感和认知的关系，认为"情"与"理"并非割裂或对立，只有合情才能够合理，也只有得情才能够得理。他说："在己与人皆谓之情，无过情无不及情之谓理"②，"理也者，情之不爽失也，未有情不得而得理者也"③。也就是说，理只是情的"中节"，"中节"之情才是合理的。这里，戴震并没有明确从得情到得理的具体过程，但是已经清楚地表明了情感对于理的重要作用。

四　欲的功能

　　关于欲和情，戴震先后提出了同欲说和节欲说④。如前所述，戴震把人的情欲看作自然而然的本能欲望，认为从人的本性而出的好利恶害之欲，怀生畏死之情、饮食男女等需求，"人伦日用""饮食男女""怀生畏死""趋利避害""好货好色"等都是人们正当的欲望。一言之，在他看来，"欲"即是"有生则愿遂其生而备其休嘉者也"，既生在世上，则希

---

　　① （清）戴震：《孟子字义疏证（下）》，汤志钧点校，上海古籍出版社 1980 年版，第266 页。

　　② 张岱年主编：《戴震全书（六）：孟子字义疏证卷上》，黄山书社 1995 年版，第 153 页。

　　③ 同上书，第 152 页。

　　④ 车文博、燕国材：《心理学思想史（中国卷）》，湖南教育出版社 2004 年版，第 593—596 页。

望生存顺利，过得充分美好，故声色嗅味之欲实乃人性本身之特质，为人类的生命存在之不可无。

欲是人们行为的第一动力，是推动人类生存发展的原动力。情和欲作为人的自然本性共同维系着人的肉体生命，二者的实现、满足与否及实现和满足的程度，构成了人道的完整内容。"生养之道，存乎欲者也；感通之道，存乎情者也。二者，自然之符，天下之事举矣。"① 戴震肯定欲在人性中的作用与在个体生活实践中的作用，他说："天下必无舍生养之道而得存者，凡事为皆有于欲，无欲则无为矣；有欲而后有为，有为而归于至当不可易之谓理；无欲无为，又焉有理！"② 从而肯定了"有欲"是人行为的动力基础。人对于物质欲望之满足的追求是人类生生不息、积极有为的基础，是自然界生生不息原理的体现。戴震反对程朱理学"人欲净尽，天理流行"的主张，戴震主张"一人之欲，天下之同欲"的同欲说，强调人欲的合理性，认为每个人都共同具有饮食御寒、生殖防卫等生存所必需的欲望。他认为欲望不仅能够引起人们的活动，还是人行为的原动力，即"凡事为皆有于欲，无欲则无为矣"③。

只有肯定人欲的合理性，才能使人类有为，为生存与发展而奋斗。人正是由于情欲的冲动、支配才有内在的动力，才求得生存，这在现代人格动力说与精神分析学中都得到了证实。蕴含着人的自然欲望的人性是人在社会生活中进行创造的强大内驱力。由于人的自然欲望在可能性上是无限的，所以才能推动人类的历史不断地向前发展。

欲望也是情绪、情感的基础。情即欲之情，欲望是否得到了满足也使得情绪、情感表现出了喜、怒、哀、乐等不同的形式，因而合理的欲望获得满足与人们健康的情绪情感是分不开的。戴震充分肯定了欲望对人的行为和情感的作用。对人的各类欲求他认为"天理者，节其欲而不穷人欲"④，主张"节欲"，反对"穷欲""纵欲""灭欲"，认为人的欲望如果不加以控制疏导就会像洪水一般泛滥成灾。戴震又深入解说了欲望失去引导就会出现进一步的问题，他认为欲望的问题不在于有无而在于

① 张岱年主编：《戴震全书（六）：原善卷上》，黄山书社 1995 年版，第 10 页。
② 张岱年主编：《戴震全书（六）：孟子字义疏证卷中》，黄山书社 1995 年版，第 216 页。
③ 同上。
④ 张岱年主编：《戴震全书（六）：孟子字义疏证卷上》，黄山书社 1995 年版，第 162 页。

"私"，他说："欲之失为私，私则贪邪随之矣。"① 在戴震看来，欲"私"就会"不仁"，对社会的危害性更大也更广，他说："私也者，生其心为溺，发于政为党，成于行为慝，见于事为悖、为欺，其究为私己。"② 无论是个人的沉迷不悟，还是在政治生活上营私结党，或者是在行事上为非作歹、悖逆欺诈，都是因为私欲在作祟。这说明了欲求过分而失去控制所产生的恶果，也从反面强调了节欲的重要作用。不仅如此，戴震提出的"遂己之欲"同时又要"遂人之欲"的主体也包括圣贤、帝王在内，认为所谓王道就是遂民之欲，为民谋欲，这就进一步突出了戴震重民生、以人为本的人性思想，在思想上和政治上都是相当进步的。

综合上面的论述，无论是从认知的、情欲的还是智力的角度来看，戴震的心理功能观都强调了人的各种心理活动、心理特征是认识和驾驭客观事物的结果，让客观事物为人的意志服务这一过程的积极作用，也突出了人在认识客观事物时的主体能动性作用，这与戴震以人为核心的人学思想是一致的。

第四章

戴震的认知心理思想

从中国心理学思想史来看，戴震全面、系统地批判并总结了中国古代心理学思想史中的人性论思想、认识论思想、情欲论思想，这些问题是中国古代心理学思想的核心内容，经过他的批判总结，不仅结束了中国心理学思想史中很多长期争论的问题，而且在"正人心"中又孕育了近代心理学研究的很多内容。以现代普通心理学中的概念体系作为参照系，发现戴震关于认知的心理思想是非常丰富和深刻的。尽管其关于认知思想的表述与现代的概念有较大不同，但其本质却是一致的。正如蔡元培评论戴震："东原学说之优点有三：（一）心理之分析。……东原始以情欲知三者为性之原质，与西洋心理学家分心之能力，为意志感情知识三部者同。……"① 本章拟从认知观和智能观两个方面来具体阐述戴震有关认知心理思想的主要内容。

第一节　认知观

戴震是从作为认识之主体的人所具有的认知能力去描述认知心理过程的。他认为认知的第一步是感觉，即通过人的感官去与客观存在的外界事物相接触；而"心"——古人把它看作人的思维器官——则起着役使感觉器官、判断感知觉是否正确，并且将感知觉上升为理性思维的作用。这一切，无非都是人所固有的认知潜能的实现。他说："味也、声也、色也在物，而接于我之血气；理义在事，而接于我之心知。血气心知，有自具之能，口能辨味，耳能辨声，目能辨色，心能辨乎理义，味

① 蔡元培：《中国伦理学史》，商务印书馆 2004 年版，第 79 页。

与声色，在物不在我，接于我之血气，能辨之而悦之，其悦者，必其允美者也。理义在事情之条分缕析，接于我之心知，能辨之而悦之，其悦者，必其至是者也。"[①] 戴震关于认知心理思想的论述主要集中于"符节说""君臣观""光照观"等观点中，并具体论述了认知的含义、机制、特征以及感知觉和思维的关系。

一　认知的含义

认知心理思想是关于认识过程的基本观点。认知过程又称认识过程，是现代普通心理学中心理过程的重要组成部分，指的是人们获取知识和运用知识的过程。人的认知过程包括感觉、知觉、表象、想象、思维和记忆等过程[②]。认即认识，属感性认识阶段，包括感觉、知觉和表象；知为知道，是在"认"的基础之上产生的，属于理性认识阶段即人的思维。换言之，认知过程指个体认识客观事物的过程，并且包括两个阶段：即感性认识阶段和理性认识阶段，并且理性认识是建立在感性认识的基础上的。可见，现代有关认知过程的思想是建立在唯物主义反映论的基础上的。

戴震作为一位唯物主义认识论者，其关于认知的心理学思想也是建立在唯物主义反映论的基础上的，即强调物的第一性，认知的产生是通过感官和"心"对物的客观反映。戴震认为，在感知觉方面，人们的认识是通过感官与外物接触而产生的，并用"符节说"说明耳、目、鼻、口等感觉器官是人们认识外物的门户，认识从感官"接于物""物交物"开始，但是人之所以能产生味、声、色在于物，即强调了物的第一性，正如其所言"味也、声也、色也在物"[③]；在思维方面，"心"能认识事物的客观规律（"通其则"），这里的"则"指的是事物的本质及内在联系和规律，也强调了物的第一性，心知的作用在于去认识这些客观规律。总之，认识离不开外部世界，戴震坚持了一条从物到感觉和思维的唯物主义反映论的认识路线。在明确了其正确认知思想的基础上，我们从认知的主体和客体两个方面进一步分析认知的过程。

---

① 张岱年主编：《戴震全书（六）：孟子字义疏证卷上》，黄山书社 1995 年版，第 155—156 页。

② 黄希庭：《心理学导论》，人民教育出版社 1991 年版，第 2 页。

③ 张岱年主编：《戴震全书（六）：孟子字义疏证卷上》，黄山书社 1995 年版，第 155—156 页。

　　从认识的主体来看，首先戴震强调了人与动物认知的差异性，他肯定了认识离不开肉体，即离不开物质承担者。他说："有血气，夫然后有心知。"① 在"血气心知"的基础上，戴震又把"心知"分为两种：一是"精爽"，一是"神明"。"凡有生则有精爽"②，"精爽"达于"明聪睿圣"③ 时，"人之精爽，驯而至于神明"④。这里的"精爽"相当于我们今天所说的感觉、知觉等感性认识，它是人与动物所共有的。而"神明"是由"精爽"发展而来的，是更高级的认识，即相当于我们今天所说的思维等理性概念。在戴震看来，人与动物都源于自然界，但只有人能独得其"全"，即不仅有"精爽"（感觉），而且有"神明"（思维）。所以，他曾明确地指出："人之才，得天地之全能，通天地之全德。"⑤ 所谓"思"，即思维、思想。在戴震看来，具体指的是认识"理义"。也就是说，只有人才具有"思"，具有认识"理义"的能力，而动物则不能，因为动物只有"精爽"（感觉）。这一思想，确实是戴震在认知论方面一个精湛的思想。其次，戴震明确提出了人具有主观能动性的观点，他把认识主体规定为"心"，即人的主观能动性。对于感官所获得的感觉，戴震认为感觉是可靠的。用今天的话说，感觉能够给予客观存在。在他看来，万物的产生都是分于阴阳之气的结果，人的产生同样如此。人为万物之灵并不表现在这一方面。感觉是感官通其"本招之气"，是"外内相通"，"盈天地之间，有声也，有色也，有臭也，有味也，举声色嗅味，则盈天地间者无或遗失。外内相通，其开窍也，是为耳目鼻口。五行有生克，生则相得，克则相逆，血气之得其养、失其养系焉，资于外足以养其内，此皆阴阳五行之所为，外之盈天地之间，内之备于吾身，外内相得无间而养道备……血气各资以养，而开窍于耳目鼻口以通之"⑥。这一思想的基础是传统的气论，正是由于戴震的感觉论是建立在传统气论的基础之上，以人与天地万物"以气相通"为获得可靠感觉的前提。戴震的感觉论不是他认识论的开端，他是把感觉也看成了一种知识。戴震想要说明

---

① 张岱年主编：《戴震全书（六）：原善卷中》，黄山书社 1995 年版，第 16 页。

② 同上。

③ 同上。

④ 同上书，第 20 页。

⑤ 同上书，第 16 页。

⑥ 张岱年主编：《戴震全书（六）：孟子字义疏证卷上》，黄山书社 1995 年版，第 158 页。

的是，正如同人的耳目鼻口能通天下的声色嗅味一样，人的心能通天下万物的内在法则，真正的认识是"心通其则"。耳目鼻口是感觉主体，心是知性主体，感官虽能通外物，但不能辨别自己的感觉是否正确，心则可以对感觉做出正确与否的判断，但心不能代替感官的作用。正如其所说，"心能使耳目鼻口，不能代耳目鼻口之能。彼其能者各自具也，故不能相为"①。戴震肯定了感官和心分别具有不同的感觉和认知能力，感觉具有被动性（主"受"），不能进行更为深入的认识。只有心的认知能力才具有主动性（主"施"），能通达事物的内在法则。他强调感觉与外物以气相通一样，他认为心与外物之则也有"通"的一面。"通"在戴震哲学中是一个运用频率较高的概念，多用来说明从一个事物到另一个事物的畅达无阻。他说："人物受形于天地，故恒与之相通。"② 人的感觉与气相通，故目能视、耳能听、鼻能嗅、口知味；人的心知与物之则相通，故能认识必然之理。他的"火能照物"揭示的就是心通物则的观念，不仅感官和心知与外物相通，感知与心知之间也是相通的关系。他把认识分为感觉的知和心的知，大体相当于我们今天所说的感性认识和理性认识。但戴震真正关注的是"心知"，心是"主施"者，心知具有自主性和自觉性，不仅能通于物则，获得对外在对象的认知，还能起到纠正感觉偏差的作用。更为重要的是，具有自主性和自觉性的心知主体，能够凭借自身的力量，以获得知识的方式获得道德、具有德性，达到自由。戴震的"心"作为能知主体，是人性最本质的存在，具有完全的独立自主性。戴震则把它解放出来，突出它的主体地位和认知功能，所以心具有独立自主的特性。正是认知主体的这一特征，使它不为道德本体所左右，能在与客体的相互作用中，自由地发挥自己的作用。

从认识客体方面看，戴震把认识对象区分为两类，一类为感知觉等感性认识阶段的认知对象，即味、声、色等；另一类为"则"（也称为"理"），即事物的内在必然性。他指出"所谓则者，匪自我为之，求诸其物而已矣"③。首先，他强调"则"要通过"虚以明"④ 的方式把握，这

---

① 张岱年主编：《戴震全书（六）：孟子字义疏证卷上》，黄山书社1995年版，第157页。

② 同上书，第158页。

③ 张岱年主编：《戴震全书（六）：绪言卷上》，黄山书社1995年版，第89页。

④ 同上。

说明则不是实体，大约相当于今天所说的规律。其次，"则"有"不易"的特点，故可以称之为"不易之则"，这体现了戴震哲学的机械论色彩。再次，"则"属于物，独立于心，不具有价值含义。戴震的认识论最根本的就是建立起相对独立的主体与客体。主体与客体在存在的层面上不具有同一性，但在相互作用的过程中，则会形成统一的关系。这样"心通其则"就成了严格的认识论命题而成为戴震认识论的核心思想。

因此，综合戴震的言论可知，戴震对人的认知有独到的见解，首先确定了正确的认知基础，即其关于认知的心理学思想是建立在唯物主义反映论的基础上，强调物的第一性，认知的产生是通过感官和"心"对物的客观反映。在正确认知过程的思想基础上，戴震把认知过程分为两个阶段和三个层次，即认知分为"感知"和"心知"两个阶段，"心知"又分为"精爽"和"神明"两个层次。"感知"和"精爽"对应现代普通心理学中的感知觉，"神明"对应着思维。从感知觉到思维是一个逐渐深入的认识过程，即由感性认识阶段逐步深入理性认识的阶段，与此同时，认知的对象也由物的声、色、嗅、味等深入物的"则"（也称为"理"）。戴震的认知过程如图1所示：

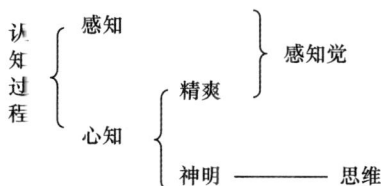

图1　戴震的认知过程示意图

二　认知的机制

五代至明清的众多学者认为，认知产生的基本条件之一，就是个体要具备相应的器官，把五官看作感知觉产生的生理基础，而把"心"看成是思维的物质器官，同时认为感知觉器官必须与外界相接触才能产生感知觉，这是认知产生的另一条件。戴震继承了前人的观点，提出了"符节说"。

"符节说"是戴震关于认知心理思想的重要观点，所谓"符节说"即："耳之于声也，天下之声，耳若其符节也；目之于色也，天下之色，目若其符节也；鼻之于臭也，天下之臭，鼻若其符节也；口之于味也，天下之味，口若其符节也。耳目鼻口之官，接于物而心通其则。心之于理义也，天下之理义，心若其符节也。是皆不可谓之外也，性也。"①"符"和"节"都是古代的一种信物，符就是古代朝廷传达命令或征调兵将用的凭证，用金属或竹木制成，上绘图纹，双方各执一半，合之以验真假。节，也是一种信物，用作核对出使人身份的凭证。

　　戴震认为声、色、嗅、味和理义都是客观存在，人们要产生相应的感知觉和思维，必须借助一定的器官，如耳、目、鼻、口和心等主体器官，并且这些主体器官还要与外界事物相互作用，即"内外相通"而产生的。

　　然而，戴震关于认知的形成机制既有继承的一面，又有创新的一面：在感知觉和思维产生的基本条件上，他继承了前人的观点，认为人类的认知活动必须借助一定的主体器官，并且主体器官还要与客观事物相接触，但他还创新性借用"符节"来比喻人的认知活动，进而阐述感知觉和思维具体形成的机制。戴震在"符节说"中认为耳与声、目与色、鼻与嗅、口与味、心与理义都是每一符节的两半，相符则产生听觉、视觉、嗅觉、味觉和思维，不相符则不能产生相应的感知觉和思维。换言之，戴震认为耳、目、鼻、口和心等主体器官天生就具备产生相应的感知觉或思维的能力：耳之于声，是耳能符合声音、辨别声音；目之于色，是目能符合颜色、辨别颜色；鼻之于嗅，是鼻能符合气味、辨别气味；口之于味，是口能符合滋味、辨别滋味；心之于理义，是心能符合理义、辨别理义。

　　戴震关于感知觉和思维产生的认识，实际上是一种朴素的反映论思想。尽管与现代普通心理相比，这种朴素的反映论思想还过于简单或笼统，但与前人相比，无疑是一个很大的进步：如在戴震去世后半个世纪的德国著名心理学赫尔姆霍兹（1821—1849）在解释感官生理学实验材料时提出了"符号论"，认为人的感觉和知觉不是外界客观事物的真实反映，而仅仅是一些与外界事物没有任何相似之处和联系之处的符号而已。可见，"符号论"否定感知觉与感知觉到的客观事物间的内在联系，也否定了感知觉的物质内容，因此"符号论"是一种主观唯心主义理论。而

---

① 张岱年主编：《戴震全书（六）：原善卷下》，黄山书社 1995 年版，第 17—18 页。

戴震关于认知发生机制的"符节说"则强调事物对感觉的制约和感觉对事物的必然联系，强调人的主观认知与客观事物必须相符合，也强调了认知的物质内容，是一种科学的唯物主义反映论，因此戴震关于认知机制的观点彰显出极大的优越性和科学性。

三　认知的特征

戴震将人的认知活动，特别是人的理性认识比喻成火光，认为人对外在事物的认知犹如光照见外物一样，从而提出了他关于认知心理思想的另一种重要观点——"光照观"。所谓"光照观"即："凡血气之属，皆有精爽。其心之精爽，巨细不同，如火光之照物，光小者，其照也近，所照者不谬也，所不照（所）［斯］疑谬承之，不谬之谓得理；其光大者，其照也远，得理多而失理少。且不特远近也，光之及又有明暗，故于物有察有不察，察者尽其实，不察斯疑谬承之，疑谬之谓失理。"① 戴震在"光照观"里认为每个人的认识是有差别的：认知能力是人固有的，人的认知能力有大有小、有明有暗，每个人的认知能力都不同。进而将人的认识活动尤其是理性认识比作火光，以此形象地说明了人对外在事物的认知特点犹如火光照见外物，是有偏差的，并不总是与客观世界保持一致的。因为人的认识活动如火光有强有弱，火光微弱时，所照之物的范围就小，人的认知就模糊、容易产生偏差；光明亮时所照外物的距离就远，人的认知也就愈加清楚、准确。而针对人认识能力的差别，他又提出了自己独特的观点，认为这种认知上的差别是不足为奇的，最可怕的是有错而不知错，反以错为是，颠倒真理与谬误。正如其所言："自非圣人，鲜能无蔽；有蔽之深，有蔽之浅者。人莫患乎蔽而自智，任其意见，执之为理义。吾惧求理义者以意见当之，孰知民受其祸之所终极也哉！"② 因此他主张要避免认识上的差谬，用火光去照明事物，去洞察事物。

另外，戴震认为"耳之能听也，目之能视也，鼻之能臭也，口之能味也，物至而迎而受之者也"③。因此，人类的认知活动是对确实存在着

① 张岱年主编：《戴震全书（六）：孟子字义疏证卷上》，黄山书社 1995 年版，第 156 页。
② 同上书，第 153 页。
③ 张岱年主编：《戴震全书（六）：原善卷中》，黄山书社 1995 年版，第 20 页。

的，耳之能听、目之能视、鼻之能嗅、口之能味之物的反映，因此这种反映活动具有一定的客观性，但同时，人的认知活动在形成过程中，即与外界客观存在之物发生反映时，并非是完全消极被动，而是具有一定的能动性的。具体而言就是人能积极主动地去处理和对待外界事物的影响，是一种"客观主观化"的过程，而不简单的是对客观事物原封不动的翻版，从而又赋予了人类认知活动主观性的特点。

总之，戴震借用"光照观"来说明人的认知活动是具有差异性的，并认为这种差异性是客观存在的，同时还告诫我们要正视这种差异，并提出了具体的解决策略。同时，戴震认为人的认知活动是对外界客观存在的反映，是具有一定的客观性，但又进一步解释说这种反映不是简单的翻版，而是具有一定的主观性。因此，戴震认为认知活动具有差异性、客观性和主观性的特征，这种关于人的认知活动特征的论述与现代心理学是保持高度一致的。

四　感知觉和思维的关系

对于感知觉和思维关系的探讨主要体现在"君臣论"。"君臣论"是戴震关于认知心理思想的又一重要观点，所谓"君臣论"即："耳鼻口之官，臣道也；心之官，君道也。臣效其能而君正其可否。"① "君臣论"就是把耳目鼻口之官形象地比作"臣"，把心之官比作"君"。君臣各具其能，各司其职，借用君与臣的关系，来比喻说明耳目鼻口之官与心之官的关系。戴震这一观点是直接继承与发扬了先秦时代唯物思想家荀子的心理学思想。荀子曾把耳目鼻口身等感觉器官叫作"官""天官"，把心叫作"君""天君"，并在《天论》中提出"心居中虚，以治五官"。可见，在探讨感知觉的关系时，戴震是分别从生理层面和心理层面两个层面加以论述的：在生理层面上，心之官统率耳目鼻口之官；而在心理层面上，耳目鼻口之官接于物而心通其则。

从生理机制的层面上来探讨感知觉和思维的关系时，戴震是继承和发扬荀子的思想并认为感知觉的器官"耳目鼻口之官"和思维的器官"心之官"之间的关系就是君和臣的关系，心之官统率耳目鼻口之官，耳目鼻口之官对外界事物的认知，其正确与否，要由心来定夺。但与此同

① 张岱年主编：《戴震全书（六）：孟子字义疏证卷上》，黄山书社1995年版，第158页。

时，戴震也认为心之官和耳目鼻口之官是君臣各具其能，各司其职，心之官虽然可以支配、主宰耳目鼻口之官，但却不能替代耳目鼻口之官。

从心理层面上来探讨感知觉和思维的关系时，戴震认为耳目鼻口之官接于物而心通其则，换言之，感觉是直接的感性认识，是直接与外界事物相接触而产生的，从而认知事物所固有的声、色、嗅、味等属性；而思维是间接的认识，是在感知觉的基础之上把握事物所固有的"理"，即事物内在的规律。因此感知觉是表面和简单的认知，而思维是更为深层次的认知。但感知觉在人的整个认识活动也是非常重要的，它是人类认识活动的开端，并且充分向思维提供感性材料；思维是比感知觉更高一级的认知活动，是感知觉的主宰，是对感知觉认识的片面、不足的地方加以校正，使其更加深刻和全面。

综上可知，戴震用"君臣观"来探讨感知觉和思维的关系时，坚持了唯物的认识路线，大体上把感性认识和理性认识的关系说清楚了，即认为感知觉为思维提供了感性材料，而思维对感知觉中片面、不足的地方予以修正。当然，戴震对感知觉和思维间错综复杂的关系并没有认识彻底，因为依据现代普通心理学知识，感知觉和思维是属于认知过程的两个阶段，在感知觉中包含了思维的成分，在思维中也同样包含了感知觉的成分，两者具有内在的统一性。但戴震并没有看见感知觉和思维间错综复杂的关系，认为在人的认知过程中，感知觉和思维具有不同的生理机制即耳目鼻口之官和心之官，思维虽然能主宰感知觉，但是却不能代替感知觉的功能。

总之，戴震关于认知心理思想是非常丰富的，但在探寻认知活动时，他首先选择、继承并坚持了中国哲学中一条正确的唯物主义反映论路线，进而提出了关于认知思想的三个重要观点（"符节说""光照观"和"君臣论"）来进一步阐述认知的含义、机制、特征以及不同认知阶段的关系：戴震认为认知过程包括两个阶段三个环节，即包括"感知"和"心知"两个阶段，"心知"又分为"精爽"和"神明"两个层次。"感知"和"精爽"对应着现代普通心理学中的感知觉，"神明"对应着思维；戴震用"符节说"来阐述认知活动的发生机制，强调事物对感觉的制约和感觉对事物的必然联系，耳与声、目与色、鼻与嗅、口与味、心与理义都是每一符节的两半，相符则产生相应的感知觉和思维，不相符则不能产生；戴震用"光照观"来揭示认知活动的特征，将人的认知活动比喻成有大有小的火光，以强调认知活动的个体差异性，同时还揭示认知活动具有主观性和客观性的特征；戴震用"君臣论"来解释不同认知阶段的感知觉和思维的关系，将耳目鼻口之官形象地比作"臣"，把心之官比作"君"，认为感知觉为思维提供了感性材料，而思维对感知觉中片面、不足的地方予以修正。虽然戴震在论述人的认知过程中还凸显出一些不足，如没有彻底认清不同认知阶段内部错综复杂的关系，但其对于今天我们了解认知心理问题仍具有一定的借鉴意义和价值。

第二节　智能观

戴震智能心理思想主要体现在他对"才"的详细论述，通过"才"概念来论述智能的性质、功能及与"才"、学的关系。

一　智能的含义

智，即智力；能，即能力，而关于智力和能力的概念在现代心理学的今天，至今没有一致公认的定义。苏联心理学把智力和能力看作是从属关系，西方心理学则强调智力和能力是包含关系。我国古代思想家对于智能的概念也争论不休，有把智与能看作相互独立的两个概念，二者既有区别，又有联系，也有把两者结合起来称为"智能"的。

戴震对智和能的概念、智与能的区别和联系并没有做深入论述，更多的是引用"才"的概念来论述智能的性质、功能及与"才"、学的关系的。戴震继承并发展了孟子等人的智能先天基础论，明确肯定了智能是在"才"的基础上形成和发展起来的，因此在分析智能的性质之前首先对"才"进行分析。他通过"才质说""才性说""才美说"和"才养说"四说来全面系统地对"才"进行定性，认为"才"是一种与生俱来且由性规定的质料，并且"才"并非一成不变，它会随着得养与失养而发生变化。在对"才"的性质系统论述后，戴震又通过"智条理说""智不蔽说"认为所谓智能是指人在认识事物时，能不为外在因素的蒙蔽而对事物规律的认识和掌握的能力。

在以上的基础上，戴震系统地论述了智能与"才"、学的关系，而这实际上探讨的是人的智能是先天决定论还是后天决定论。戴震对此的观点是辩证的，既强调智能的先天基础论，也充分肯定后天的作用。接着戴震对智能的价值进行了论述，他认为智的价值大致可以归纳为：尽道、处事、通德、择善。现从智能的性质、智能的价值和智能与"才"、学的关系作具体论述。

二　智能的性质

戴震对智能的定性是继承并发展了孟子等人的智能先天基础论，即认为人的智能形成和发展有其先天基础，并提出"才"的问题，并且明确肯定了智能是在"才"的基础上形成和发展起来的。

（一）才质说

所谓"才质说"即："以人物譬之器，才则其器之质也；分于阴阳五行而成性各殊，则才质因之而殊。犹金锡之在冶，冶金似为器，则其器金也；冶锡以为器，则其器锡也；品物之不同如是矣。"① 戴震的"才质说"认为由于质料的不同，人与万物之间的区别也显而易见。人比野兽懂得更多，是因为人得之于自然的本来质料不同所造成的。例如，用金作为质料则铸成的器物便是金器，用铁为质料的便是铁器。因此，戴震认为"才"是一种质料，它是与生俱来的，是先天的。这也就相当于现代心理学提到的自然素质。

（二）才性说

所谓"才性说"即："所谓性，所谓才，皆言乎气禀而已矣。其禀受之至，则性也；其体质之全，则才也。禀受之全，无可据以为言，如桃杏之性，全于核中之白，形色臭味，无一弗具，而无可见，及萌芽甲坼，根干枝叶，桃与杏各殊；由是为华为实，形色臭味无不区以别者，虽性则然，皆据才见之耳。成是性，斯为是才。"② 戴震的"才性说"认为性与才都是由气禀而定；而才又由性而定。通俗的说，可以用种子和树的关系来解释。性比作种子，才是树木。有什么样的种子，就有什么样的树木，树木是由种子决定的。所谓"种瓜得瓜，种豆得豆"。同样，有什么样的性就有什么样的才，才是由性来规定的。总之，戴震认为人的才是由性来决定的。

---

① 张岱年主编：《戴震全书（六）：孟子字义疏证卷下》，黄山书社1995年版，第195页。
② 同上书，第196页。

（三）才美说

所谓"才美说"即："人之性善，故才亦美，其往往不美，未有非陷溺其心使然，故曰（非天之降才尔殊）。才可以使美而终于不美，由才失其才也，不可谓性始善而终于不善，性以本始言，才以体质言也。体质戕坏，究非体质之罪，又安可咎其本始哉!"① 戴震的"才美说"认为，性就其本源是善的，才作为体质也是美的，而且才美也是由性善决定的。同时，性善由于偏私可以变为不善，故作为体质的美才也可以由于后天的失养而变为不美。但性的不善不能归咎于才的不美，才的不美也不能归咎于才的本身，这和之前所说的"人的才质由性来规定"有异曲同工之妙。

（四）才养说

所谓"才养说"即："人之初生，不食则死；人之幼稚，不学则愚。食以养其生，充之使长；学以养其良，充之至于贤人圣人，其故一也。才虽美，譬之良玉，成器而贾之，气泽日亲，久能发其光，可宝加乎其前矣；剥之蚀之，委弃不惜，久且伤坏无色，可贾减乎其前矣。"② 戴震认为才美由于失养可以变为不美；同理，它由于得养可以变得更美。戴震在"才养说"进一步详细地论述了才得养或失养的道理及后果。初生的人不吃东西就会饿死，幼稚的人如果不加以教育则会变得更加愚笨。人体本来健康没有病，由于后来内外种种因素的影响才生病。同理，人本来美而无疵，由于后天的失养才变为不美。故要善养其良，使才更美。因此，戴震认为人的才也取决于后天的得养或失养。

（五）智条理说

所谓"智条理说"即："得乎条理者则谓之智。"③ "在天为气化推行之条理，在人为其心知之通乎条理而不紊，是乃智之为德也。"④ "若夫条理之得于心，为心之渊，然而条理则名智。故智者，事物至乎前，无或失其条理，不智者异是。"⑤ 戴震直接承袭了孟子的关于智的思想并提出

① 张岱年主编：《戴震全书（六）：孟子字义疏证卷下》，黄山书社1995年版，第198页。
② 同上书，第199页。
③ 张岱年主编：《戴震全书（六）：原善卷中》，黄山书社1995年版，第8页。
④ 张岱年主编：《戴震全书（六）：孟子字义疏证卷下》，黄山书社1995年版，第205—206页。
⑤ 张岱年主编：《戴震全书（六）：孟子私淑录卷中》，黄山书社1995年版，第59页。

了"智条理说"，得出了"得乎条理者则谓之智"的论断，即认为通条理、不失条理就是智；反之，条理不通、未得条理就是不智。换言之，戴震认为的智能就是对事物规律的认识和掌握的能力。

（六）智不蔽说

所谓"智不蔽说"即："智也者，言乎其不蔽也。"① "知之失为蔽，蔽则差缪随之矣。"② "蔽也者，其生于心也为惑，发于政为偏。成于行为缪，见于事为凿，为愚。其究为蔽之以己。"③ 戴震直接承袭了孟子和荀子有关思想后提出了"智不蔽说"，并得出了"智也者，言乎其不蔽也"的论断，即认为一个人在认识事物时，能不为偏见所蒙蔽，从而能比较客观地全面地认识事物的条理、掌握事物的规律，那就是智能的表现。当然，许多人在认识事物的时候都会被"蔽"，且"蔽"的害处是极大的。为了充分发挥职能的作用，戴震还提出解蔽的方法是学习，正如其所说："解蔽，莫如学"④，可见，戴震还认为智能的另一性质就是能不为外在因素所蒙蔽而认识事物的条理和规律。

综上可知，戴震分别用了"才质说""才性说""才美说"和"才养说"四说来全面系统地对"才"的性质加以论述，认为"才"是一种与生俱来的且由性规定的质料，但"才"并非一成不变，会随着得养与失养而发生变化。戴震在对"才"的性质作了系统全面的分析后，认为智能的差别是由才质决定的，并且智能的优劣也是由才质的得养与失养来决定。因此，戴震认为智能是在"才"的基础上形成和发展起来的，也受到先天遗传和后天教育的影响。此外，戴震用"智条理说"和"智不蔽说"来进一步论述智能的性质，即认为智能是对事物规律的认识和掌握的能力，并且这种认知能力不为外在因素所蒙蔽。

三　智能的价值

戴震关于智能的价值的论述也是非常丰富的，他说："天下事情，条分缕（晰）〔析〕，以仁且智当之，岂或爽失爽几微哉！"⑤ "言乎其尽道，

---

① 张岱年主编：《戴震全书（六）：孟子字义疏证卷下》，黄山书社1995年版，第209页。
② 同上书，第195页。
③ 张岱年主编：《戴震全书（六）：原善卷下》，黄山书社1995年版，第23页。
④ 同上。
⑤ 张岱年主编：《戴震全书（六）：孟子字义疏证卷上》，黄山书社1995年版，第151页。

莫大于仁，而兼及义，兼及礼；言乎其能尽道，莫大于智，而兼及仁，兼及勇。"① "人之有觉也，通天下之德，智也。"② "明乎礼义即智也。（智仁勇三者，天下之达德），而不言义礼，非遗义遗礼也，智所以知义，所以知礼也。"③ "故人莫大乎智足以择善也；择善，则心之精爽进于神明，于是乎在。"④

综上，戴震认为智能可以在"尽道""处事""通德"和"择善"等方面体现价值。在关于智能性质的论述中，我们知道戴震认为智能是一种对事物规律的认识和掌握的能力，并且这种认知能力不为外在因素的蒙蔽。这就是认知观一节中所提到的"人能进于神明"，而不仅有"精爽"。人在"神明"阶段显示出特有的认知功能，即人能够认识并掌握事物的规律，并依据规律办事。戴震认为，通过智的价值，人们不仅能够认知和掌握动物、花木等的规律，从而实现豢养动物、种植花木、制药救人等知物驭物的目的，正如其所说："从生，而官器利用以驳；横生，去其畏，不暴其使。智足知飞走蠕动之性，以驯以豢，知卉木之性，良农以莳刈，良医任以处方。"⑤ 还能够掌握日常社会生活中等人伦日用的规律，可以"通天下之德"，能够明乎礼义，可以择善……总之，人在认识和掌握了外在事物的客观规律之后，进而选择正确的方法和态度来处理事物。

因此，智能的价值在于使人在认识和掌握事物的规律之后，进而发挥人的主观能动性，自主地选择相应的知识和方法来解决所遇到的问题，不必像动物一样仅仅处于"精爽"阶段而"遂其自然"⑥。

四　智能与才、学的关系

（一）智能与才的关系

关于智能和"才"的关系，在中国古代心理学思想史上，一般认为智能是在"才"的基础上产生的。戴震也是持这种观点的，明确肯定智

---

① 张岱年主编：《戴震全书（六）：孟子字义疏证卷下》，黄山书社 1995 年版，第 208 页。
② 张岱年主编：《戴震全书（六）：原善卷下》，黄山书社 1995 年版，第 25 页。
③ 张岱年主编：《戴震全书（六）：孟子字义疏证卷下》，黄山书社 1995 年版，第 202 页。
④ 张岱年主编：《戴震全书（六）：原善卷中》，黄山书社 1995 年版，第 16 页。
⑤ 同上书，第 16—17 页。
⑥ 张岱年主编：《戴震全书（六）：孟子字义疏证卷上》，黄山书社 1995 年版，第 169 页。

能使在"才"的基础上形成和发展起来的，并作了两方面的分析：首先，戴震认为智能的差别归根结底是由"才"决定的，并且是通过人和其他生物对比来加以说明的。正如其所说："才者，人与百物各如其性以为形质，而知能遂区以别焉。"① 即人与其他生物的智能之所以不同，是由于各自的自然素质不同。其次，戴震认为智能是以"才"为基础通过得养或失养而发生变化的，美的才质可以因为失养变得不美，不美的才质也可以因为得养而变美，总之智能是在才质的基础上通过学习发展起来的。正如戴震所说："若夫羞性之存乎其人，则曰智、曰仁、曰勇，三者，才质之美也，因才质而进之以学，皆可至于圣人。"② 即认为智、仁和勇是才质好的表现，而才质进一步通过学习就都能变成圣人，将美的才质变得很美。

（二）智能与学的关系

戴震在强调智能的先天决定论的同时，也强调了智能的后天学习论，戴震并不认为智能是与生俱来、一成不变的，智能是可以通过后天的学习而发生变化与发展的。戴震反对孔子的"唯上智与下愚不移"的智能观，并提出了"学可益智"的智能观，即他认为圣人也是人，只不过由于它能完全体现人成为人的道理，所以大家就推举他为圣人，即圣人不是天生的而是后天人为的结果，圣人之所以为圣人就是因为他们更重视后天的学习。同样，"下愚之人"的存在也不是天生的，也是可以改变的，愚昧无知是完全可以克服的，这唯一的途径就是依靠学。总之，戴震认为人先天的智能差异是不大的，而后天的学习带来的变化却是巨大的，从而充分肯定了学习的重要性，正如其说云："人之血气心知，其天定者往往不齐，得养不得养，遂至于大异。"③

综上可知，戴震的智能与"才"、学的关系实际上探讨的是智能是先天决定论还是后天决定论。戴震对此的观点是辩证的，既强调智能的先天基础论，也充分肯定后天的作用。依据现代心理学可知，遗传只提供心理发展的可能性，而环境和教育则规定心理发展的现实性。戴震这种辩证的关于智能观点在当时是具有很大时尚性的，以至于在现在心理学

① 张岱年主编：《戴震全书（六）：孟子字义疏证卷下》，黄山书社1995年版，第195页。
② 同上书，第205页。
③ 张岱年主编：《戴震全书（六）：孟子字义疏证卷上》，黄山书社1995年版，第159页。

中也具有一定的参考价值和意义。

　　总之，戴震创造性地引用"才"的概念来论述智能的含义、性质、价值及与"才"、学的关系时，是非常精辟、科学和到位的：在智能的含义方面，戴震继承并发展了孟子等人的智能先天基础论，明确肯定了智能是在"才"的基础上形成和发展起来的，但又强调"才"并非一成不变，会随着得养与失养而发生变化，这意味着智能同时具有先天性和后天性的特征，即正确认清了智能的内涵；在智能的性质方面，戴震分别用了"才质说""才性说""才美说"和"才养说"四说来全面系统阐述，认为智能是在"才"的基础上形成和发展起来的，还认为智能是对事物规律的认识和掌握的能力，并且这种认知能力不为外在因素所蒙蔽；在智能的价值方面，戴震认为智能可以在"尽道""处事""通德"和"择善"等方面体现价值，即智能可以在认识和掌握事物的规律后，进而发挥人的主观能动性，自主地选择相应的知识和方法来解决所遇到的问题；在智能与"才"、学的关系方面，戴震实则探讨的是智能是先天决定论还是后天决定论，其强调智能的先天基础论，也充分肯定后天的作用。可见，戴震许多有关智能方面的观点和现代心理学的相关论述是保持一致的，这对于两百多年前的他是很不容易的，因而他在整个中国心理学思想史上也必然留下光辉的一页。

第三节　认知心理思想的影响

　　戴震是中国 18 世纪具有科学知性精神学者的杰出代表，虽然他有关认知的思想表述与现代的概念有较大不同，但就其本质而言，却是一致的，并且其有关认知的心理思想是非常丰富和深刻的。因此，在心理学本土化研究的今天，其关于认知的心理思想无疑会在中国心理学本土化研究中留下光辉的一页。尤为重要的是，他在探寻人的认知过程中，在批判前人认识论的基础上，选择、继承并坚持了正确的唯物主义认识论，这必然会在整个中国心理学思想的发展史上也留下光辉的一页！具体而言，其关于认知心理思想的影响体现在以下三个方面。

　　首先，坚持了正确的唯物主义认识论。一直以来，认识论存在唯物主义和唯心主义两种认识论之争。戴震以考据的方式对唯心主义的程朱理学加以批判，坚持了唯物主义认识论，认为人的认识活动离不开外部世界，坚持了一条从物到感知觉和思维的唯物主义反映论的认识路线，这条基本的哲学原理是科学研究的指南，更是心理学研究的根本路线。不仅如此，戴震还在认识论中处处凸显人的主体性：他提出要区分"人心之所同然"的真理与"一己之意见"，十分强调认识真理之不易；他鲜明地提出了"学者当不以人蔽己，不以己自蔽"的近代命题，以科学的精神去破除中世纪蒙昧主义所造成的各种假象；他提出了"分理"的范畴，引导人们去详细周密地研究具体事物，"寻其理而析之"①，以获得对个别或特殊事物性质的认识，从而突破了把宇宙作为总体来把握神秘而抽象的思辨哲学的局限；他既注重科学的实证，又十分推崇晚明传入的西方自然科学的公理演绎法，强调探求事物的"所以然之理"，将从徐光启开始，变革狭隘经验论的传统方法、铸造科学"新工具"的事业推向了前进。正是基于以上的观点，可以确认戴震在认识论上对中国心理学思想史做出了重要的理论贡献，并且具有深刻的思想启蒙意义。

其次，揭示了认知和智能的过程和规律。戴震关于认知心理思想是非常丰富、精辟、科学和到位的，他许多有关认知心理学的观点和现代心理学的相关论述都保持一致，这对于两百多年前的他是很不容易的。在认知方面，他提出了极具特色的三个观点"符节说""光照观"和"君臣论"来阐述认知的含义、机制、特征以及不同认知阶段的感知觉和思维的联系，认为人的认知过程包括两个阶段三个环节，即包括"感知"和"心知"两个阶段，"心知"又分为"精爽"和"神明"两个层次；用"符节说"来阐述认知活动的发生机制，强调事物对感觉的制约和感觉对事物的必然联系；用"光照观"来揭示认知活动具有差异性、主观性和客观性的特征；用"君臣论"来解释不同认知阶段的感知觉和思维的关系，认为感知觉为思维提供了感性材料，而思维对感知觉不足的地方予以修正。在智能方面，戴震创造性的引用"才"的概念来论述智能的含义、性质、价值及与"才"、学的关系，继承并发展了孟子等人的智能先天基础论，但又强调"才"并非一成不变的；用"才质说""才性说""才美说"和"才养说"四说来全面系统阐述智能的性质，认为智能是对事物规律的认识和掌握的能力，并且这种认知能力不为外在因素所蒙蔽；认为智能的价值在于"尽道""处事""通德"和"择善"；在探讨

---

① 张岱年主编：《戴震全书（六）：孟子字义疏证卷上》，黄山书社1995年版，第151页。

智能与"才"、学的关系时，实则探讨的是智能是先天决定论还是后天决定论，他强调智能的先天基础论，也充分肯定后天的作用。虽然戴震在论述认知心理学思想的过程中还凸显出一些不足，但却大体揭示了认知和智能的过程和规律，对于我们探寻认知心理的过程和规律仍具有一定的借鉴意义和价值。

还有，蕴含了一定的心理健康教育思想。米歇尔·德·蒙田曾说"人通常是被自己对事物的看法所困扰，而不是被事物本身"，现代心理学也非常重视认知因素对心理健康的影响，特别是 20 世纪 60—70 年代于美国产生的认知疗法作为一种有效手段运用于心理咨询，如艾利斯的合理情绪疗法、贝克的认知疗法等。中国古代的思想家们尽管没有提出具体的认知疗法，并且有关认知的心理思想也并不系统，但是思想家们的典籍中却蕴含了丰富的认知心理思想。因此，在中国心理学史上留下光辉一页的戴震，其典籍中也同样蕴含着丰富的心理健康教育思想：戴震明确了坚持唯物认知路线的最终目的是要实现人的自由。他告诉人们要实现人的自由，只能通过正确的认识和把握事物的法则（必然），切实做到"以其则正其物"[1]。因此，人们对事物的法则之认知是否正确也就显得极为重要。戴震强调："归于必然，适完其自然。"[2] 即人们通过发挥其"心知"而达于对必然的认识和把握，乃是为了更好地保障和实现其"血气"之自然，从而成为自己的主人，成为自然和社会的主人，而这所有一切的前提则是人通过正确的认识和把握事物的法则。换言之，戴震早在两百多年前就已经强调了正确认知对于一个人心理健康的重要性。因此，在心理学本土化研究的浪潮中，戴震典籍中所蕴含的心理健康教育思想对于今天心理健康教育的本土化研究具有重要的启示价值和借鉴意义。

---

[1]　张岱年主编：《戴震全书（六）：孟子私淑录卷中》，黄山书社 1995 年版，第 58 页。

[2]　张岱年主编：《戴震全书（六）：绪言卷上》，黄山书社 1995 年版，第 102 页。

第五章

戴震的人格心理思想

人格一直是中国古代心理学思想的重要组成部分，也是戴震始终关注的焦点。关于人格心理学思想，戴震在继承传统人格、情欲思想的基础上，相继提出了"情理统一说""同欲说""絜情说""节欲说""人贵论"和"差异观"等论点并加以论述，尤其关注的是对理想人格的追求。虽然戴震并没有从新理学的视角对现代人格的基本内涵进行详细的阐述，但戴震的人格心理思想却异常丰富而深邃，更可贵的是他对人格特征、人格形成原因等方面的分析与现代人格心理学的认识基本保持一致，具有特色的是他较为系统地批判了程朱理学对于人格、人性的观点，突出对理想人格的构建，这对于今天健康人格乃至个人优良品质的培养都具有重要的借鉴意义。

第一节　情欲观

戴震在他的"情理统一说""同欲说""絜情说""节欲说"等观点中分别论述了情欲的过程、性质以及对情欲的管理。

一　情欲的过程

现代心理学通常将认识（认知）活动、情绪活动和意志活动统称为心理过程，而认知、情绪和意志过程简称为知、情、意。[1] 学者将"情"与"意"合而称为意向过程，认为人们对待客观事物的活动包括需要、情感、动机和意志等。中国古代关于情欲心理思想的论述也异常丰富，

---

① 黄希庭：《心理学导论》，人民教育出版社 1991 年版，第 2 页。

主要探讨的是"情"与"欲",即情感与需要的实质及两者之间的关系。作为考据学专家的戴震关于情欲心理思想的见解,自然是在继承前人的基础上而更具有其自身的特色。所谓"欲",就是人们想获得某种事物或想达到某种目的的要求,相当于现代心理学上的"需要"。

戴震在批判程朱理学鼓吹"理正欲邪""存理灭欲"的基础上,指出人的欲望、需要和人的认识、情感一样,都是自然赋予人的合理的东西。戴震将三者统一于血气(形体)这一自然的物质基础,认为人先有了"血气",然后才出现"心知",进而出现"欲"与"情",进而再出现"巧"与"智",即"人生而后有欲、有情、有知。三者,血气心知之自然也"。并且戴震还认为需要是人类行为活动的原动力,正因为有了欲望、需要,才推动了人类的行为活动的产生,正如其所云:"凡事为皆有于欲,无欲则无为矣。"① 他还进一步提出了"同欲说",认为每个人生来就具有某些共同的需要和欲望。虽然戴震在强调欲望合理性的同时,充分肯定了欲望的作用,但他并不主张"任欲而行",而是提倡对欲望加以积极的引导、合理的节制,要克私欲、遂人欲,由此提出了"节欲说"。

所谓"情",就是现代心理学上所说的情绪情感过程。戴震认为情绪情感过程与需要是紧密相关的,有欲才有情,情绪情感的产生是以需要为基础的,并且会因为需要是否得到满足而表现为不同的形式,如喜、怒、哀、乐等。正如其所说:"既有欲矣,于是乎有情"②,"喜怒哀乐之惨疏以分,时遇顺逆为之也"③。在对情的态度的论述上,戴震根据《大学》的所谓絜矩之道,提出了"以情絜情"的理论。《大学》中有云:"所恶于上,毋以使下;所恶于下,毋以事上;所恶于前,毋以先后;所恶于后,毋以从前;所恶于右,毋以交于左;所恶于左,毋以交于右;此所谓絜矩之道。"④ 戴震继承了这种思想并创造了"以情絜情"的"絜情说",即用将心比心、以心交心的"角色互换法"去建立和维护融洽的人际关系,这种处理人际关系的心理学方法,在社会心理学上也具有重

---

① 张岱年主编:《戴震全书(六):孟子字义疏证卷下》,黄山书社 1995 年版,第 216 页。

② 张岱年主编:《戴震全书(六):原善卷上》,黄山书社 1995 年版,第 10 页。

③ 张岱年主编:《戴震全书(六):孟子字义疏证卷上》,黄山书社 1995 年版,第 195 页。

④ (宋)朱熹:《四书集注》,陈戍国标点,岳麓书社 2004 年版,第 13 页。

要的意义。

二　情欲的性质

(一) 情绪情感的性质

在戴震之前，有许多的古代思想家及哲学家都论述过有关"情"的问题。古代学者们着重的方面是"情"的实质，并且注重从不同的角度进行论述，如从人性的角度、情欲之间的关系角度、人的内在心理状态角度、人体内脏器官角度等。戴震则在先哲们的基础上，通过对欲、情和知三者之间的对比，从性质这一角度来论述情绪情感。"情理统一说"就是戴震关于情绪情感性质的集中论述且富有创新性的重要观点，他说："人生而后有欲，有情，有知。三者，血气心知之自然也。给于欲者，声色臭味也，而因有爱畏；发乎情也，喜怒哀乐也，而因有惨舒；辨于知者，美丑是非也，而因有妤恶。……喜怒哀乐之情，感而接于物……喜怒哀乐之惨疏以分，因遇顺逆为之也……有是身、而君臣、父子、夫妇、昆弟、朋友之伦具，故有喜怒哀乐之情。"①

从"情理统一说"我们可知，戴震关于情绪情感的性质描述是非常丰富的。首先，在情绪情感和认知及需要三者的共同点上，戴震认为情绪情感与认知过程需要一样，是人人都具有的心理过程，并且都出于"自然"，根于"血气"。戴震充分肯定了"情"之于"血气"或"自然"的属性，进一步将其心理学思想观点牢牢地建立在了朴素的唯物主义的基础上；其次，在情绪情感产生的条件上，戴震承继了《乐记》以来的传统观点，认为情绪情感是"感而接于物"的结果，从而肯定了情绪情感与外界事物的关系，任何情绪情感都是由客观现实所引起的，根据客观现实的不同特点及事物所存在的关系不同，人们对这些事物就有不同的情绪情感的体验；再次，在情绪情感基本种类的划分上，戴震继承和发展了先秦以来基本情绪情感的分类，尤其是《中庸》中的"四情说"②，将情划分为喜、怒、哀、乐四种，这也是中国古代关于情绪情感基本类别划分最朴素的观点之一；最后，戴震又从情绪情感与认知、需要和人伦关系三者的联系上进一步阐述了自己对情绪情感的认识。在与

---

① 张岱年主编：《戴震全书（六）：孟子字义疏证卷上》，黄山书社1995年版，第195页。

② （宋）朱熹：《四书集注》，陈成国标点，岳麓书社2004年版，第21页。

认知过程的关系上，他认为好恶之情是在人辨别美丑的基础上所产生的，这就肯定了认知过程及其结果在情绪产生过程中的重要作用，这与现代心理学关于情绪与认知的关系论述是基本一致的。在与需要的关系上，戴震进一步认为"爱畏"之类的情绪情感是由声色嗅味所引起的欲望产生的，即认为情绪情感的产生是以人的需要为基础，并且会因为需要是否得到满足而表现为不同的形式，这同样与现代心理学认为情绪情感是以"个体的愿望和需要为中介的一种心理活动，当客观事物或情境符合主体的需要和愿望时，就能引起积极、肯定的情绪和情感"① 是吻合的；在情绪情感与人伦关系的认识上，他将情绪情感的产生与人伦关系联系在一起加以考虑，这就自然地赋予了情绪情感以一定的社会性，从而将情绪情感性质的定位与现代心理学对情绪情感的定位又更拉近了一步。

虽然戴震只论述了认知对情绪情感的单方面影响，并未对情绪情感也会反作用于人的认知过程或对认知过程有什么样的影响作进一步的探讨，也没有对情绪情感与需要以及人伦关系作更深入的阐释。虽然戴震从关系的角度对情绪情感的分析略显不足，但是考虑到戴震所处的时代，以其他对于传统理学思想的突破，将情绪情感分为喜、怒、哀、乐四种，并认为情绪情感是在形体存在的基础上由客观现实引起的，同时受到人类认知、人伦关系的制约和影响，这已经足以成为后世学者研究情绪情感心理学的先驱和典范。

（二）需要的性质

"同欲说"是戴震对于"需要"性质论述的重要观点，所谓"同欲说"，亦即戴震所谓的"一人之欲，天下人之所同欲也，故曰'性之欲'"②，"凡血气之属皆知怀生畏死，因而趋利避害；虽明暗不同，不出乎怀生畏死者同也"③。戴震提出的"同欲说"是根据《乐记》中的"天之性"和"性之欲"的观点而提出的。"同欲说"的基本含义是，每个人生来就具有某些共同的需要和欲望。④

"欲"是一种心理活动，是人内心对于想获得一种事物或想达到一种

---

① 彭聃龄：《普通心理学》，北京师范大学出版社 2004 年版，第 364 页。
② 张岱年主编：《戴震全书（六）：孟子字义疏证卷下》，黄山书社 1995 年版，第 152 页。
③ 张岱年主编：《戴震全书（六）：孟子字义疏证卷中》，黄山书社 1995 年版，第 181 页。
④ 燕国材：《中国心理学思想史》，浙江教育出版社 1998 年版，第 568 页。

目标需求或渴望，相当于现代心理学上的"需要"这一概念，"欲"在中国古代心理学研究中占有重要的地位，早在先秦时期就有思想家们对"欲"进行论证了，对"欲"有较早研究的是老子，认为欲是罪恶的来源，正如其所说："祸莫大于不知足，咎莫憯于欲得。"[①]程朱理学继承了欲望是邪恶的观点，并大力鼓吹"理正欲邪""存理灭欲"的思想。戴震则在批判程朱理学的基础上对"欲"即需要的性质进行了重新定位，提出"同欲说"，这在中国心理学史上对需要的研究中无疑具有划时代的意义。他认为每个人生来就具有某些共同的愿望和需要，而"欲"并不是什么神秘莫测的东西，"欲"就是关于"饮食男女"，就是关于"人伦日用"，就是关于"生养之道"，总之"欲"和人的认识、情感一样，是人们日常生活中正常的、是客观存在的、是自然赋予人的合理的东西。戴震借助"同欲说"，进而论述需要的性质是天然、合理的。由于需要是人类共有的，与人的生存相关而不可或缺的，因而人的需要也是必然的、合理的，是真实、客观存在的，是不可否认也是无法诋毁的。

此外，戴震还提出需要是人类行为活动的原动力。人的活动、行为都是由需要所引起的，需要对人、社会的存在和发展都有强大的动力作用，正如其所说："凡事为皆有于欲，无欲则无为矣；有欲而后有为，有为而归于至当不可易之谓理；无欲无为又焉有理。"[②]总之，戴震认为需要的性质是自然、合理、真实、客观的存在，同时认为人的行为活动都是由需要引起的。

三　情欲的管理

（一）情绪情感的管理

"絜情说"是戴震关于人们对待情绪情感的态度和管理的重要观点，所谓"絜情说"即："凡有所施于人，反躬而静思之：'人以此施于我，能受之乎？'凡有所责于人，反躬而静思之：'人以此责于我，能尽之乎？'以我絜之人，则理明。天理云者，言乎自然之分理也；自然之分

---

① 何宗思编著：《中华传统文化精品文库（第四卷道家经典）》，新华出版社 2003 年版，第 58 页。

② 张岱年主编：《戴震全书（六）：孟子字义疏证卷下》，黄山书社 1995 年版，第 216 页。

理，以我之情絜人之情，而无不得其平是也。"①"絜矩"原本在《大学》中指的是以直角求矩形的方法，后世儒家学者常以"絜矩"来象征一定的行为规范或道德规范。戴震则在其人性论的基础上，根据《大学》中的所谓絜矩之道，结合自己的世界观与方法论，独辟蹊径地在其情绪情感的管理思想中创造了"以情絜情"的"絜情说"。

中国古代学者对情绪情感的本质看法不一，必然导致他们对待情绪情感的态度也不一样。戴震认为人的情绪情感与认知过程、需要一样，是人人都具有的心理过程，并且都出于"自然"，生于人的"血气"，从而导致他在对待情绪情感的态度上截然不同于程朱理学的"存天理，灭人欲"。戴震摒弃了宋代以来理学家"以理言情"观念，他强调以情感来度量情感的方式，创造性地运用了"以情絜情"的"絜情说"。"絜情说"中的"絜情"强调情感和情感之间的互通与体验，不仅是对于自我情绪和情感的控制和管理，与现代心理学中的"角色互换"也具有相当的意味，它提示人们在处理人际关系时，应当能够做到"将心比心""角色互换"，站在别人的立场上去考虑问题，站在他人的角度去理解和体验别人的情感，这种"以情絜情"式的理解与共情，在现代心理学看来则是与人和谐相处，建立融洽的人际关系的重要方法。

"絜情说"可以作为人们处理人际关系的一种具体方法，而我们却还能从中领悟到戴震关于情绪情感的态度，即要节制自己的情绪情感，并且这种节制要合理，既不能似程朱理学那样过于重视理性的作用，过于节情以至灭情，当然也不能过于纵情而至滥情。戴震在论述时是先从处理人与人之间的关系入手，告诫人们在日常的生活中不仅要考虑自己的情绪情感，同时还需要"角色互换"去考虑他人的情绪情感，这样才能建立和维持良好的人际关系，从而暗含了解禁伦理本位情欲的启蒙思想。总之，戴震继承了情绪情感源于血气等物质存在的唯物思想，肯定了情绪情感在人们自身的合法地位，发展了情绪情感对人们存在于世的重要意义，并认为在对待情绪情感时要予以合理节制，这种思想在中国古代具有明显的超前意识，并且这种思想时至今日仍值得我们借鉴。

（二）需要的管理

"节欲说"是戴震关于人们应当如何对待需要的重要观点，即认为人

---

① 张岱年主编：《戴震全书（六）：孟子字义疏证卷上》，黄山书社1995年版，第152页。

的需要像水流一样，如果不加以节制，就会像洪水一般泛滥成灾，从而使人养成"悖逆诈伪"之心，做出"淫佚作乱"之事。在此基础上，戴震又将"节制"比喻成治水，提出了节制需要的主导思想：即人们在控制自身的需要时，不是消极依靠堵塞的对抗性方法，而是要积极地引导人们的需要，像大禹治水一样，以疏导的方法去通其沟渠。戴震如是说：

> 性，譬则水也；欲，譬则水之流也；节而不过，则为依乎天理，为相生养之道，譬则水由地中行也；穷人欲而至于有悖逆诈伪之心，有淫佚作乱之事，譬则洪水横流，泛滥于中国也。……譬则禹之行水，行其所无事，非恶泛滥而塞其流也。恶泛滥而塞其流，其立说之工者且直绝其源，是遏欲无欲之喻也。……节而不过，则依乎天理，非以天理为正，人欲为邪也。天理者，节其欲而不穷其欲。是故欲不可穷，非不可有；有而节之，使无过情，无不及情，可谓之非天理乎！①

戴震首先对人的需要做出"人类欲望具有共同性"的界定，又在继承了孟子"寡欲"说的基础上，进一步提出了对需要进行有效管理的"节欲说"。由于学者对需要的本质的看法不一，因此中国古代的哲学家们对待人需要的态度也不一样。较早在先秦时期的老子就将人的需要定性为万恶之源，而后纵横明清的程朱理学更是鼓吹灭绝人的合理情欲。戴震则不仅从全新的视阈重新认识了人的需要，即需要是天然、合理、真实和客观存在的，认为人的行为活动也都是由需要所引起的，更难能可贵的是戴震在赋予需要人本而又科学的定位后，进而提出了对待需要的态度——"节欲说"。对此，戴震还曾说过："禹之行水也，使水由地中行；君子之于欲也，更一于道义。治水者徒恃防遏，将塞于东而逆行于西，其甚也，决防四出，泛滥不可救；自治治人，徒恃遏御其欲亦然。"②

不难看出，戴震对待需要的态度是辩证的，既强调了需要的重要性，又并不主张任由需要自行其是乃至泛滥成灾，而是提倡"节欲说"；戴震

---

① 张岱年主编：《戴震全书（六）：孟子字义疏证卷上》，黄山书社 1995 年版，第 162 页。

② 张岱年主编：《戴震全书（六）：原善卷中》，黄山书社 1995 年版，第 20 页。

在对待需要的态度又是以人为本的，既在"同欲说"中提出需要的合理性与合法性，又强调了人不节制自身需要的危害性，从而突出了合理节制需要的重要意义。因而戴震对待需要的态度是辩证而又科学的，即对待人的需要有合理的节制，既反对放纵需要，更反对灭绝需要。当然，这种节制引导的思想是在继承了古代贤人如荀子情欲心理思想基础上的发扬，但基于对时代背景的考虑，即戴震反对程朱理学"欲邪""灭欲"的思想，戴震关于人们对需要的态度和管理的论述在中国心理学史上就具有新的划时代意义，这也更趋近于现代心理学关于人们应当如何对待需要的认识。

四 情欲的关系

（一）情绪情感和需要的关系

情与欲，即情绪情感和需要两者之间既有联系也有区别。戴震的"欲"所指向的需要是指人的各种需要，是对诸如"怀生畏死""趋利避害"等人性本能需要的嗜求，也有对"饮食男女""人伦日用"等日常生活需要的适应。情绪情感是人的感通之道，是对人的欲望是否满意的喜怒哀乐的外显表现形式。二者具有不同的功能与作用，但统一于人的本性之中，共同构成了人的本性。所以戴震说："生养之道，存乎欲者也；感通之道，存乎情者也；二者，自然之符，天下事举矣。"①

情绪情感和需要两者的联系在于：首先，戴震认为人的情绪情感和需要一样，是人人都具有的客观存在的心理过程，并且都出于自然，根于血气，两者都具有人性的合理性，可以说是人性中合理的自然之物；其次，戴震认为需要又是情绪情感的基础，是情绪情感的根源，并且人们会因为需要是否得到满足而表现为不同的情绪情感形式，如喜、怒、哀、乐。正如前文中提到的，他说："既有欲矣，于是乎有情"，欲与物又有顺逆之差，所以情又有六类之分，即喜、怒、哀、乐、好、恶。"喜怒哀乐之惨舒以分，时遇顺逆为之也"，戴震认为，当人的需要与外在事物的关系一致、相符的时候，那么就会产生喜乐等愉悦的情绪；如果当人的需要与外在事物之间呈现不一致的，甚至矛盾的关联时，人就会产生怒哀等凄惨之情。换言之，情绪情感是人在需要的基础上对外在事物

---

① 张岱年主编：《戴震全书（六）：原善卷上》，黄山书社1995年版，第10页。

的反映，是对需要满足于否的表现。

总之，情与欲，情绪情感与需要既有着难以磨灭的区别又紧密联系，是统一、相辅相成的，并且只有当两者达到和谐统一时，人才具有完备的本性，人也才能够成为完整的个体，才会"天下事举矣"。

（二）情、欲和理的关系

古代所论述的"理"相当于现在的规律、规则。戴震认为"理"和情绪情感、需要一样都是人性中固有的东西，因而他反对情和欲、理和欲的对立，也反对"以理言情""存理灭欲"的做法，而是分别提出了"情理统一说"和"理欲统一说"来主张"情理""理欲"之间的统一。

"情理统一说"在前面已经论述过，戴震认为情绪情感和理并不是对立的，而是相互统一的，只有合情才会合理，得情才会得理，正如其说云："理也者，情之不爽失也；未有情不得而得理者也。"[1]"在己与人皆谓之情，无过情无不及情之谓理。"[2] 这种将理与情相联系并统一起来的论述是有一定独创性的。

关于理与欲的关系，历史上有两种观点：一种是"存理灭欲"，另一种是"理存与欲"。戴震把理看作与欲同样是人性中的自然之物，所以他反对"存理去欲"，主张理欲统一。戴震说："今之言理也，离人之情欲求之，使之忍而不顾之为理。此理欲之辩，适以穷天下之人尽转移为欺伪之人，为祸何可胜言也哉！"[3] 也就是说，人欲的存在是合乎理的，承认这点即为探寻理的前提。如果抛开欲的客观、合理的存在而去求理，那么所得到的理就是一种缺乏现实基础的空洞之谈，就是一种自欺欺人。此外，戴震还从欲的自然性与理的必然性来论述理欲之间的统一，正如其所说："由血气之自然，而审察之以知其必然，是之谓理义；自然之与必然，非二事也。就其自然，明之尽而无几微之失焉，是其必然也。"[4]

总之，现代心理学将人的心理过程分为知、情、意三个部分。戴震则认为人从出生存在了自然物质基础之后才能够有欲、有情、有知，并且三者都是"血气心知之自然也"，因此戴震关于心理过程的思想表述与现代心理学中的概念虽有较大不同，但就其脉络和本质而言是一致的。在心理过程各个部分的具体论述上，戴震的思想确实还有一些时代的局限性，但毋庸置疑的是戴震的这些思想在当时就具有开历史先河、辟思想新风的重要意义，以至于对今天更是具有深远的影响，对中国本土心理学思想的研究有着无法替代的参考价值和借鉴意义。

第二节　人格观

戴震关于人格的特征提出了"人贵论""差异观"和"发展观"三个观点加以论述，认为人格具有差异性、发展性和统合性的特征。在论及人格差异性的"差异观"中，戴震进一步探讨了人格的成因，认为人格形成过程中是受先天的"不齐"和后天的"得养不得养"的共同影响的。最具特色的是戴震关于理想人格的论述，他认为具有理想人格的人应当是"仁且智"者，即"仁"和"智"的和谐统一。

一　人格的含义

人格是构成一个人的思想、情感及行为的特有模式，这个独特模式包含一个人区别于他人的稳定而统一的心理品质，它是人的先天素质和后天环境的合金。[①] 人格的载体是现实生活中个体的人，体现为个人的品格、素质。每个时代、每个阶级都要塑造代表本阶级利益的道德榜样——理想人格。中国历代仁人志士都十分重视培养理想人格的问题。许多先贤更是为了追求自己的理想人格而奋斗一生，甚至以身殉志。生于封建社会末世的戴震在与腐朽没落的封建专制制度以及为之服务的程朱理学的斗争中，始终重视对理想人格的探求，并把它作为自己思想体系的重要组成部分。因此，理清戴震关于理想人格的思想，对于进一步领会其整个心理学思想，进而认识现代心理学相关人格理论都具有极为重要的意义。

总体上，戴震把"仁且智""天人合一"作为理想人格。

首先，戴震的"仁且智"的理想人格。戴震认为，一个具有理想人格的人，应该是"仁且智"者。他在书中指出："得乎生生者谓之仁，得

---

① 黄希庭：《心理学导论》，人民教育出版社1991年版，第536—538页。

乎条理者谓之智。至仁必易，大智必简，仁智而道又出于斯矣。是故生生者仁，条理者礼，断决者义，藏主者智，仁智中和曰圣人。"① 这就是说，"仁"与"智"的和谐统一，就构成了一个人的理想人格。戴震认为，"仁"与"智"的和谐统一，其最高表现就是"善"。他说："人与物同有欲，欲也者，性之事也；人与物有同觉，觉也者，性之能也。欲不失之私，则仁；觉不失之蔽，则智；仁且智，非所加欲事能也，性之德也。……所谓善，无它焉，天地之化，性之能事，可以知善矣。"②

　　这里戴震指出了所谓"仁且智"，不是别的东西，就是"性之事能"，即"欲"与"觉"。而对"事"与"能"、"欲"与"觉"的正确认识（"知"）就是"善"。因此，一旦"仁"与"智"达到和谐统一，即达到"善"时，人就进入了"无隔于善者，仁至，义尽，知天"③ 的崇高精神境界，也就是一种把握了社会伦理的"天下之懿德"④，又把握了自然规律和社会行为规范的至高的人格品性。而这就是戴震一生所苦苦追求的理想人格。

　　其次，戴震的"天人合一"理想人格。戴震的"天人合一"理想人格可以概括为知情意行的统一，主要有以下几个方面的特征：一是至仁之人。仁是德的本体，至仁就能"体万物而与天下共亲"⑤。二是圣人与天下人同欲。戴震猛烈地抨击宋明理学的理欲之分，提出人应该无私，但不必无欲。他主张人有"情"有"欲"，但作为理想人格的君子，必须与天下同欲。三是全德的人。戴震强调"君子"必须具全德，这是尽"道"的根本条件。因上，戴震在弘扬孔孟传统思想的基础之外，更重要的是阐述了新的情欲统一、仁智和谐至善、"天人合一"的理想人格，这些都反映了他对未来人生平等理想王国的向往，表达了关于人与人之间互相尊重、互相关爱、互相爱护、人人平等的进步思想。与此同时，戴震更清楚地认识到理想人格在素质教育中的榜样和激励作用。教育的实质是促进人的健康、和谐、全面的发展，理想人格的塑造则是其中的重要环节。理想人格确立的是否合理，与现实生活距离的远近，对教育尤

---

① 张岱年主编：《戴震全书（六）：原善卷上》，黄山书社 1995 年版，第 8 页。
② 同上书，第 9 页。
③ 张岱年主编：《戴震全书（六）：原善卷下》，黄山书社 1995 年版，第 24 页。
④ 张岱年主编：《戴震全书（六）：原善卷上》，黄山书社 1995 年版，第 9 页。
⑤ 张岱年主编：《戴震全书（六）：原善卷下》，黄山书社 1995 年版，第 23 页。

其是道德教育具有不同的作用。如果理想人格是常人难以达到的，对教育就有害而无益；如果理想人格塑造合理，对道德伦理的形成就具有重要的作用。

二 人格的特征

（一）差异性

戴震首先就认为每个人的人格是有差异性的，并且这种差异是在先天"不齐"和后天的"得养不得养"共同作用形成的，所谓先天的"不齐"即认为人生来就在血气、心知和才质等方面存在着差异，这是人格具有差异性的先天原因。所谓"得养不得养"即认为人由于后天的教养方式的不同，又会导致人格的"大异"，这是人格具有差异性的后天教育原因。按照戴震的说法，血气、心知"天定"就是不同的，"得养"与否又使得这种差异愈发的明显，进而戴震又认为人与人之间人格的差异，即"然人与人较，其材质等差凡几？"① 总之，戴震认为人格的第一个特征就是人格具有差异性，这与现代心理学中认为人格普遍具有独特性是一致的。

（二）发展性

现代心理学认为人格具有稳定性，但同时也强调人格也会随着生理的成熟和环境、教育等因素的改变而发生或多或少的变化②。戴震关于人格发展性的特征与现代心理学也是一致的。戴震虽然主张人性是"禀气而生"，但他认为人的心理并非一成不变的，而是会在后天因素的影响下会有所发展的，比如说血气可以由弱到强，心知可以由狭小、暗昧到广大、明察等。正如其所言："以血气言，昔者弱而今者强，是血气之得其养也；以心知言，昔者狭小而今也广大，昔者暗昧而今也明察，是心知之得其养也，故曰'虽愚必明'。"③ 因此，戴震认为人格的第二个特征是人格具有发展性。

（三）统合性

现代心理学认为一个人要想具有健全的人格必须是人格的各成分构

---

① 张岱年主编：《戴震全书（六）：孟子字义疏证卷上》，黄山书社 1995 年版，第 167 页。
② 彭聃龄：《普通心理学》，北京师范大学出版社 2005 年版，第 440—441 页。
③ 张岱年主编：《戴震全书（六）：孟子字义疏证卷上》，黄山书社 1995 年版，第 159 页。

成一个有机整体，且具有内在的一致性。戴震也提出了自己的理想人格，认为具有理想人格的人应当是"仁且智"者，就是说"仁"和"智"的和谐统一，构成了一个人的理想人格。正如其所说："仁智而道义出于斯矣"，"仁智中和曰圣人"。因此，戴震认为人格的又一重要特征是人格具有统合性，将"仁"和"智"的和谐统一，使之成为"仁且智"者。

三　人格的成因

人格是怎么样形成的？这在心理学史上曾是一个争论不休的问题，当代心理家现已达成的共识：人格是在遗传和环境的交互作用下逐渐形成的。[①]戴震关于人格成因的分析是比较透彻和科学的，并与现代心理学的共识基本保持一致，即戴震也认为人格的形成主要受到先天遗传因素和后天教养因素的共同影响。

（一）先天遗传

戴震首先肯定了每个人的个性都存在着差异性，并认为这其中的原因之一就是每个人个性的发展都要受到遗传因素的影响，这些因素主要包括血气、心知和才质等方面所表现出的个体之间天生就有的差别。正是在强调了先天遗传因素的基础上，戴震而后才开始进一步论述后天环境、教育、学习等因素对人格的形成所产生的影响。正如其所言："人之血气心知，其天定者往往不齐，得养不得养，遂至于大异"[②]，"古贤圣知人之材质有等差，是以重学问，贵扩充"[③]。

（二）后天教育

戴震认为个性的发展虽然受到遗传因素的制约，但正所谓"性相近，习相远"，人格在形成上还要受到后天教养的影响，并且正是由于这种"得养与不得养"，可以使得人的个性表现出彼此之间的"大异"。可见，他充分肯定了后天教养在人格形成过程中的作用。正如戴震所说："试以人之形体与人之德行比而论之，形体始乎幼小，终乎长大；德行始乎蒙昧，终乎圣贤。其形体之长大也，资于饮食之养，乃长日加益，非'复

---

①　彭聃龄：《普通心理学》，北京师范大学出版社 2005 年版，第 462 页。
②　张岱年主编：《戴震全书（六）：孟子字义疏证卷上》，黄山书社 1995 年版，第 159 页。
③　同上书，第 167 页。

始初'；德行资于学问，进而圣智，非'复始初'明矣。"①

四　人格的内容

戴震对人格内容的论述主要体现在他的"理想人格"思想中，理想人格是戴震关于人格心理学思想中独具特色的地方，强调人格的统合性的特征。概括地说，戴震认为理想人格应该包括"仁"与"智"，具有理想人格的人应当是"仁且智"的人。正如前文中所说，"仁智而道义出于斯矣""仁智中和曰圣人"，"仁"和"智"的和谐统一，其最高形式的表现是可以"知善"进而达善。这是一个人的最高境界，也构成了一个人典型的理想人格。

"仁者，生生之德也"②，所谓"生生"之谓"仁"，即戴震认为"仁"的基本内容不仅包括"生生"之仁，还兼有"通天下之欲"③ 两方面的"仁"，即涵盖了自然界和人类社会发生、发展的规律以及整个社会的伦理道德规范。他认为人们的共同基本欲求只要是合乎自然、合乎人类社会的伦理道德规范而无过错无过失的，"欲"无论是所谓的"怀生畏死"，还是"饮食男女""人伦日用"都能够臻至"仁"的水平，即"天下人所同欲"就是"仁"。关于"得乎条理者"的"智"，戴震的论述较为丰富。他首先明确地肯定了"智"的先天基础，即"智"是在"才"的基础上形成和发展的，诚如前文曾述及的，戴震对"才"的性质作了系统而全面的分析④，进而戴震又阐述了"智"的差异与发展情况，认为"智"的差别是由人与人之间"才质"的不同来决定，他说："才者，人与百物各如其性以为形质，而知能遂区以别焉"⑤；而"智"的发展水平则受后天习得的影响，由"才质"的培养情况来决定，即"得养不得养，遂至于大异"，学习还可以进一步决定人的发展前景，即"学以养其良，充之至于贤人圣人……因于失养，不可以是言人之才也"⑥。

① 张岱年主编：《戴震全书（六）：孟子字义疏证卷上》，黄山书社1995年版，第167页。
② 张岱年主编：《戴震全书（六）：孟子字义疏证卷下》，黄山书社1995年版，第205页。
③ 张岱年主编：《戴震全书（六）：原善卷下》，黄山书社1995年版，第25页。
④ 车文博、燕国材：《心理学思想史（中国卷）》，湖南教育出版社2004年版，第602—603页。
⑤ 张岱年主编：《戴震全书（六）：孟子字义疏证卷下》，黄山书社1995年版，第195页。
⑥ 同上书，第199页。

此外，戴震还论述了仁与智的对立面——私与蔽。他说："人之患，有私有蔽；私出于情欲，蔽出于心知。无私，仁也；不蔽，智也。"① 应当看到，戴震所说的"私出于情欲"并不是他所认可的普通人合理的情欲，他说："遂己之欲，亦思遂人之欲，而仁不可胜用矣；快己之欲，忘人之欲，则私而不仁'② 而"圣人之道，使天下无不达之情，求遂其欲而天下治"③。在这里戴震看得更高远更深刻，他认为"圣人"即理想的统治者，应当将民生疾苦和人民所"欲"时刻记挂在心上，"圣人治天下，体民之情，遂民之欲，而王道备"，④ 他所反对的是封建统治阶级一心追求个人享受而罔顾他人死活，损人不利己的极端个人主义和利己主义之"欲"。

为了追求"仁"和"智"的和谐统一，戴震不断地探求着"去私""解蔽"的道路，为了达到"仁智中和"而朝着至善、圣人的方向进发，戴震终其一生都在追寻着"善"的理想。为此，戴震在多部著作中都一再论及"善"的问题，而随着年龄增长、阅历的丰富，戴震对"善"提出了更加深入的见解。在戴震看来，"善"是自然规律、社会法则和人伦道德的统一，对个人来说则是指仁义礼智。当"仁"与"智"和谐统一并达到善的水平时，就进入了戴震理想中"仁""义""知"等都高度发展且"无隔于善""天人合一"的精神境界，这反映了戴震对人性平等理想世界的由衷向往，也是他所追求的理想人格的最终归宿。

五　健康人格观

心理健康通常指的是人较强的心理调适能力和较高的发展水平，即人在内部和外部环境变化时，能持久地保持正常的心理状态，是诸多心理因素在良好态势下运作的综合体现，健全、统一而又完整的人格则是其中重要的组成部分⑤。戴震关于"情欲"和"理想人格"等思想中所传递出来的心理健康观念是我国古代心理健康思想中的精华。

戴震人格观中的心理健康思想大体上包括两个部分，一是对于情与

---

① 张岱年主编：《戴震全书（六）：孟子字义疏证卷下》，黄山书社1995年版，第211页。
② 张岱年主编：《戴震全书（六）：原善卷下》，黄山书社1995年版，第27页。
③ 张岱年主编：《戴震全书（六）：与某书》，黄山书社1995年版，第496页。
④ 张岱年主编：《戴震全书（六）：孟子字义疏证卷上》，黄山书社1995年版，第161页。
⑤ 姚本先：《学校心理健康教育新论》，高等教育出版社2010年版，第6—21页。

欲（即情绪情感和需要）的理解、分析、管理和应用。"情欲"指的是人所具有的情绪情感和需要的性质以及二者之间的关系，这是心理学的重要范畴，对个体的身心健康具有重要的意义，更是现代心理健康教育中的一个重要内容。① 戴震有关"情欲"的描述异常丰富，在对待情欲的态度上戴震也有自己独特的观点。戴震首先承认了情绪情感的正当性，认为人的情绪情感的产生应当遵循需要的基础，应该符合认知的原则，应当适应社会的人伦，具有追随一定的原因而产生以及适应主客观情境变化而发展的特点，既不能纵情、滥情也不应过度节情、灭情，从而保证情绪情感合理存在并推动情绪情感的积极健康、乐观向上。另外，人们在表达和体验情绪情感时应当遵循"以情絜情"的方式，通过彼此之间情感上的互通与共鸣，推动心理上的相容、尊重和接纳，减少内心的相克、贬低和排斥，从而更好地认识和体验他人的心理状况，更好地了解他人、理解他人，乐于接受他人也愿意被他人所接受，最终有效地促进人际关系的和谐。②

与此同时，戴震认为"欲"（即需要）也与"情"一样，都是人们在其社会生活实践中必然的、合理的存在，它是人们行为和活动的有效动力。虽然戴震与许多古代先贤一样认为对待"欲"不能过于放任，需要采取调控的态度，但并非采用消极的方式加以对抗，其或是消减以至于灭绝，而是要积极地引导人们的需要。戴震强调了对需要不加节制的危害，认为要克私欲、遂人欲，突出了合理节制需要的"节欲说"，认为节欲应像大禹治水一样（"禹之行水也，使水由地中行；君子之于欲也，使一于道义"），以通沟渠疏导的方式予以积极的引导。这就要求人们不仅要有足够清晰、正确的自我意识，还要具有健全的意志品质，才能够面对日常生活的欲求时反映适度，保证外部生存环境与内在心理状况的积极平衡而不走向极端，推动社会适应的顺利进行与自我完善不断提升，从而达到较高的心理健康水平。

二是戴震关于"理想人格"的设想和追求，不仅含有促进人格统一完整的这一心理健康要求，也具有不断发展自我以求自我实现的最终要求。从中国思想家精神人格母体上看，自古以来仁人志士都一直努力追

---

① 汪海彬、姚本先：《中国古代的心理健康思想探微》，《中医文献杂志》2010年第4期。
② 姚本先：《学校心理健康教育新论》，高等教育出版社2010年版，第19页。

寻着自己的理想人格系，无论是孔子的"君子之仕也，行其义也；道之不行，已知之矣"，抑或老子的"虚而不屈"，抑或庄子的"以濡弱谦下为表，以空虚不毁万物为实"，抑或墨子的"尚力兼爱"，直到慧能的"无念为宗、无相为体、无住为本"、王阳明的"知行合一"等，①都曾深深地影响着世人。戴震则把"仁且智""天人合一"作为其理想人格的设想。虽然人格都具有先天"不齐"或后天"得养不得养"的差异，但却并非一成不变，而是可以随着血气由弱到强，心知由狭小、暗昧到广大、明察等因素的改变不断发展变化的，并能够有机会实现人格的内在统一。这种兼具差异性和发展性并具有统合性的人格特征就是"仁"与"智"的和谐统一，其最高表现就是"善"。一旦"仁"与"智"构成有机整体，即达到"善'时，人也就达到了"无隔于善者，仁至，义尽，知天"②的崇高境界。这也是戴震终其一生所追求的理想人格。此外，戴震所言的理想人格还包括"天人合一"的统一协调。戴震"天人合一"的理想人格在今天看来具有非常广阔的范畴，包括情欲、仁智、天人等各种成分的有机统一，大致可以通过知情意行的统一来体现，既是至仁之人，又是能与天下人同欲的人，还是身具全德之人。一个人对于仁智统一、天人合一的追求，可以说是他们对于理想人格统一完整的追求，是对于人存在的最高、最完美、最和谐状态的追求，是不断自我认识、自我超越以及自我实现的过程。这与现代心理学家对于健全人格、心理健康的认识有诸多一致之处，如美国心理学家杰霍塔（M. Jahoda）将自我认知的态度、成长、发展和自我实现以及整合的人格等作为健全人格的标准，人本主义心理学家马斯洛（A. H. Maslow）认为自我实现的人就是心理健康的人。③

　　人格作为一个人的整个精神面貌，是心理健康的重要内容之一，其性质、内容及其实现对人的心理发展和精神表现的影响都有着积极的意义。戴震和大多数古代思想家一样并没有提出明确心理健康观或者至臻完善的人格观，但其对情欲的态度，以及戴震所建构的理想人格无论从

---

　　①　黄芳：《传统文化理想人格对当代大学生精神人格的形成价值》，《广州大学学报》（社会科学版）2008 年第 7 期。

　　②　张岱年主编：《戴震全书（六）：原善卷下》，黄山书社 1995 年版，第 24 页。

　　③　姚本先：《学校心理健康教育新论》，高等教育出版社 2010 年版，第 6—21 页。

思想观点、行为模式，还是从终极目标来看都对当今人们人格培养和优化以及心理健康状况的保健与提升都具有一定的引导意义。

第三节　人格心理思想的影响

现代心理学认为，人格是一个人有别于他人的稳定而统一的心理品质，是在先天和后天因素共同作用下所形成的一个人的思想、情感及行为的特有模式。人格的载体是现实个体的人，体现为个人的品格、素质。戴震虽然没有对人格的基本含义进行论述，但戴震和中国历代的仁人志士一样，都十分重视理想人格问题，并在与腐朽没落的封建专制制度以及为之服务的程朱理学的斗争中，对人格的心理学问题进行了深邃而又科学的探讨。戴震对人格心理思想的探讨是异常丰富、深邃与科学的，尤为可贵的是他对人格特征、人格形成原因的分析与现代心理学关于人格思想的共识都保持一致。而最为特色的是生于封建社会末世的他在与腐朽没落的封建专制制度以及为之服务的程朱理学的斗争中，始终重视对理想人格的构建，这对于今天健康人格的培养是具有重要的借鉴意义的。

在科技进步和物质文明高度发达的今天，人们不断地向外索取、扩张，不惜一切手段追求物质财富，获得最大的享乐。面对人们自我的失落、价值观的崩溃，我们可以从戴震的人性论思想中获得一些启示。

首先，情欲和德性的统一是实现理想人格的基础。继承了传统的"天人合一"的理想境界，戴震认为人要充分发挥内在道德理性的作用，调节人的欲望，并使它体现在现实世界中，这样的人才是真正的全德之人。否则就会被"人欲"所蒙蔽，吞噬自己的德性，沉沦为禽兽的状态。

其次，坚持个人修身与社会责任的统一是理想人格的最终目标。戴震强调圣人与天下百姓具有共同的欲求，进而推出圣人遂己之欲，广之而遂天下人之欲；达己之情，广之而达天下人之情。个人修养上的"强恕""去私"以及与社会责任相统一的价值观，虽然在戴震所处的时代难以实现，但对于矫正现代人张扬个性以至于沉溺于自我而不能自拔的痼疾，无疑是一剂良药。

最后，在塑造理想人格时，要考虑其与现实生活的远近，即考虑个体人格修养实践的可行性。在道德教育中理想人格的导向作用不可或缺，但如果塑造的理想人格的追求对常人来说难以企及，那么这种教育导向就失之偏颇，甚而形式化、口头化远远超过其实际的可操作性，既缺乏现实意义也不会取得很好的效果。戴震曾说："以无欲然后君子，而小人之为小人也，依然行其贪邪；独执此以为君子者，谓'不出于理则出于欲，不出于欲则出于理'，其言理也，'如有物焉，得于天而具于心'，于是未有不以意见为理之君子；且自信不出于欲，则曰'心无愧怍'。"①理学家把无欲的君子作为身具理想人格的典范，进而要求人们去除一切欲望，即"存理灭欲"。然而这个要求却是知易行难，在生活实践中实在难以做到，并且达到了"灭欲"境界的人在现实中也难以存在。对于大多数人来说，既然无法成为这样的"君子"，那就索性更客观、更合理地看待自己的需要，像世俗一般甘为"小人"。但是也有少数人道貌岸然地称自己为君子，而把自己的意见强加给别人。这一点对于我们今天的教育，尤其是素质教育、道德教育具有警示作用。

　　从个体心理发展来看，个性品质是人们在一定情境中通过行为活动所形成和表现出来的，其形成除了遗传因素的影响外，更多的是后天的影响。而一个人道德品质的形成，无论是否经历了类似由提高道德觉悟和认识到陶冶道德情感、锻炼道德意志、树立道德信念、培养道德习惯的发展，还是经历了柯尔伯格"道德发展阶段论"的提升，都不是一蹴而就的；从学校教育过程来看，学生人格的发展、个性的形成、道德品质的稳固都是顺应与同化交织的过程，是在上一个又一个不同的台阶，有时候更是回旋上升的，"理想人格"的期待对学生来说也无法毕其功于一役，尤其是现代社会发展瞬息万变，社会、学校和家庭所渗透出来的价值观、人生观及其教育影响都难以统一，干扰学生健康发展的因素越来越多，各层次的教育者们不可操之过急，更不能脱离学生的思想实际和现实社会条件，对学生提出过高的要求，使学生对自己失去信心；就社会德育过程来看，社会生态日趋复杂，而随着网络及多媒体技术的飞速发展与应用，媒体的多元化发展使其在社会生活中对个体的影响也越来越大，信息的海量传播更是让人难辨真假，其间的负面冲击也在不断加大，即便我们的传媒时常推出一些英雄和模范人物要大家学习，但是

---

① 张岱年主编：《戴震全书（六）：孟子字义疏证卷下》，黄山书社1995年版，第216页。

由于宣传夸大事实，往往容易让人觉得那些人物可敬而不可即，其教育和引导的效果也可想而知。因此在塑造理想人格时，要考虑其与现实生活的远近，即考虑个体人格修养实践的可行性。

第六章

戴震的教育心理思想

　　戴震是我国 18 世纪教育心理思想上的一个重要代表人物。戴震作为当时一位颇具盛名的学者，他的社会威望、道德品质、教育业绩和一代名师的风范都深孚众望，随其学说的盛行，弟子也日益众多。如段玉裁、王念孙、王引之等大学者纷纷以同志之友前来问学，或亲受业而拜为师，或崇其学而自称弟子。戴震的一生主要从事教学和著述。从青年时期开设私塾起到晚年掌教浙江进化书院，戴震积累了丰富的教育实践经验，同时他继承和发展了传统教育思想中的精华，在总结自己和他人的实践经验基础上，在教育理论方面也提出了很多具有创造性的见解，从而形成了一套独具特色的教育心理思想。

第一节　学习心理论

　　学习是积累知识经验的过程，它在人类教育活动中占主导的地位。明清之际正处在变革时期，教育心理思想十分活跃。这个时期的一批杰出教育家，通过他们长其的教育实践，产生了丰富的教育心理思想，同时对于教育中的首要问题——学习心理问题的许多方面都有所涉及，并且形成别具一格的思想体系。

一　学习的内容

　　戴震认为没有人生来就是圣人，即使是圣人也是后天人为的。他认为圣人之所以能成为圣人是知道人可以通过后天的学习来完善和扩充。他曾说过："然人与人较，其材质等差凡几？古贤圣人之材质有等差，是以重学问，贵扩充。"① 与程朱理学相比较，戴震论圣人，是建立在坚实的知识学问的基础上的。他认为"圣人之道在《六经》"，教育的任务就在于使人明六经之道，所以《六经》是重要的学习内容。戴震鄙视"学习就是写文章"，他说："古今学问之途，其大致有三：或事于义理，或事于制数，或事于文章。"②

后人把戴震之学总结为："先生之学，无所不通，而其所以由此至道者，则有之'曰小学，曰测算，曰典章制度'。"第一，小学。就是作为明道基础的声韵之学。他认为，字音字义的理解是进一步学习的基础。戴震在《古经解钩沉序》一文中说："经之至者道也，所以明道者其词也，所以成词者，未能有外小学文字者，由文字通乎语言，由语言通乎古圣贤之心志。"③ 声韵之学的关键在于六书，他把六书比作过河的渡船，可见他非常重视基础知识的学习。第二，测算。作为治经和明道的手段，他认为如果测算不明，则经义难明。掌握一定的测算知识有助于学习。所以测算也是一个相当重要的学习内容。第三，典章制度。即治经的材料来源。他说："圣人贤人之理义非它，存乎典章制度者是也。"这是戴震从尊重客观事实的角度提出义理即在典章制度之中见解的最好证明，尽管他在这方面的著作没有完成，但在教学中已让学生作为学习的内容加以研究。

二　学习的任务

戴震认为，"私"和"蔽"是人获取知识、形成品德中最大障碍。学习的任务就是要"明理解蔽"，即"解蔽莫若学"。何谓"蔽"？他说："蔽也者，生于心也为惑，发于政为偏，成于行为缪，见于事为凿、为愚，其究为蔽之以己。"④ 受到蒙蔽的结果是思想上陷入迷惑，政治上不公正，行动上错误，处事昏昧。究其来源，在于不顾客观事实，主观武断，而这些正是理学家们的通病。戴震指出："若夫古贤圣之由博学、审问、慎思、明辨、笃行以扩充之者，岂徒澄清哉。"⑤ 要达到"致其心之

---

①　张岱年主编：《戴震全书（六）：孟子字义疏证卷上》，黄山书社 1995 年版，第 167 页。

②　（清）戴震：《戴震全集：与方希原书》，清华大学出版社 1991 年版，第 185 页。

③　张岱年主编：《戴震全书（六）：古经解钩沉序》，黄山书社 1995 年版，第 378 页。

④　张岱年主编：《戴震全书（六）：原善卷下》，黄山书社 1995 年版，第 23 页。

⑤　张岱年主编：《戴震全书（六）：孟子字义疏证卷中》，黄山书社 1995 年版，第 192 页。

明""自能权度情无几微差失"的境界，就必须抛弃理学提倡的顿悟澄清、静坐内省的唯心主义认识论和实际做法。反之，要学习广博的知识，要勤恳好学，要明辨是非，要有脚踏实地的行动。

戴震认为，"去蔽莫如学"，强调了教育"去蔽"的重要作用，认为通过学习而获得的知识能够"致心知之明"或扩充"心知"之明，发展思维能力，有助于明白事情。但这种学习必须是深入了解、掌握学习内容精神实质，能吸收为己所用的学习。他以人饮食、消化、吸取营养这一过程为例做了生动的比喻，饮食在于吸收营养以"问学犹饮食，则贵其化，不贵其不化"①。"化"即学习之要旨。学习不是生吞活剥、死记硬背经文，而是在博学基础上，提出质疑，只有这样，学到的知识才能真正消化，才是自己真正学到的知识。学习须充分发挥学者的主观能动性，"自得之，则居之安，资之深，取之左右逢其源"②。只有经过深入思考，才能消化所学的知识，将其转化为自己的智慧，增进个体的才能和勇气。这样，蒙蔽自然去掉，"理"不但不会失去，还会明晰起来。

戴震还指出："人之血气心知本乎阴阳五行者，性也。如血气资饮食以养，其化也，即为我之血气，非复所饮食之物矣。心知之资于问学，其自得之亦然。"③ 这些观点，概括起来就是说，"血气心知"来自"人物受形于天地"，是由物质构成的形体的感知能力，它们的作用在于取资于"事物"以养于身心。因此，人欲的产生和作用是人类生存与发展的需要，至于理义则产生于人的各种活动之中，"一同乎血气之于嗜欲，皆性使然耳"，而不是在有血气心知之前有一个"理义"具于"心"。人之所以要学习，正是为了求"心知"得其养，使人的各种欲望按自然不可易之法则而得以实现。

三　学习的方法

关于学习方法，历代的教育家都有很多论述。他们在教育实践中总结了很多的教育方法，使学生更好地学习。同时他们也注意引导学生掌握学习方法。信奉唯心主义论的程朱理学认为先有理然后有物，所有的

---

① 张岱年主编：《戴震全书（六）：孟子字义疏证卷上》，黄山书社1995年版，第159页。
② 同上。
③ 同上。

事和物都是"理"在现实世界中的表现，所以他们在学习方法上强调"居敬穷理"，用内省和静坐的方法来获得"理"。与程朱理学不同，戴震认为理即条理，学习就是要把握事物的条理，通过详考典章制度而获得圣人之道，他主张通过考据来获取"理"。他认为，不明制数就不能理解古人的文章，得到的所谓的义理，也只不过是一个人的偏见，而非六经圣人的义理。戴震认为应该转变这种以一己偏见为圣人之理义的学风。

（一）学贵自得，重在消化

戴震在学习上反对"食而不化"的学习方法，提出掌握知识要力求消化。在这点上也可以说他继承了儒家"自得"的传统教育观点。他说："学不足以益吾之智勇，非自得之学也；就饮食不足以长吾血气，食而不化者也。"① 意思就是说学习是为了有益于智勇而进入神明，反之，不足以有益于智勇，就不为自得之学，就像日常的饮食，不能滋养身体是饮食没有消化的缘故。因此，他主张自学自得。为了很好地掌握知识，他要求学者获得"十分之见"。他认为："寻求而获，有十分之见，有未至十分之见。必征之古而靡不条贯，合诸道而不留余议，巨细必究，本末兼察。"② 这就是说必须历史地、细致地、全面而系统地进行学习，这样才可能达到"十分之见"，才能有所获益。此外，戴震反对沽名而学。他说："其得于学，不以人蔽己，不以己自蔽，不为一时之名，亦不期后世之名。"③ 认为为学者不应为了表现自己而挟击前人，也不应依傍过去人物，作前人的尾巴；不应以先入之见为主，也不应私自穿凿附会。凡此都是说要注重独立思考，而独立思考又必须"实事求是，不主一家"，正是说他的独立思考精神。他反对"食而不化"的"记问之学"，实质上就是对传统封建主义死记硬背的学习方法和注入式的教学方法的批判。戴震强调用自己的认知结构去同化知识，并转化为新的认识结构，这种主客同构的思想，正是"天人合一"理想在教育过程中的具体体现。他的"自得"思想，是学习的总的方法论，它以其他方法为基础而贯穿于其他方法之中。

戴震认为，要做到学而能化，首先就得不慕虚名，不急功近利。他

---

① 张岱年主编：《戴震全书（六）：孟子字义疏证卷上》，黄山书社1995年版，第177页。
② 同上。
③ 同上。

说："不为一时之名，亦不期后世之名"①，"我辈读书，原非与后儒竞立说"②，而是应该"平心体会经文"③，力求弄清每一个字的含义。其次还须分析至微，"求十分之见"。戴震的学习贵"化"的思想，强调独立思考的重要性，主张脚踏实地而又积极主动地进行学习，其见解深刻、精辟，值得后人学习。④

（二）重视基础训练，坚持循序渐进

作为汉学家的戴震之所以重视训诂考据是为了义理，把考据训诂作为一种基础训练。若不注意这样的基本功夫，不知道运用工具，其结果会是主观的推测。戴震讲的是研究经书，但这个道理在教学上也是相同的。做学问而没有基础知识，不能运用工具，没有正确资料，好高骛远，学习的效果是不会好的。循序渐进，是学习过程中的又一重要原则。孟子指出："原泉混混，不舍昼夜，盈科而后进，放乎四海。"⑤ "盈科而进"，就是循序渐进的意思。孟子据此反对揠苗助长。戴震继承了孟子这一方法，指出为学是一个"必有渐"的过程，阐发了循序渐进、反对激进的辩证教学方法。认为学习应当从基础开始，循序渐进。他说："由文字以通乎语言，由语言以通乎古圣贤之心志，譬之适堂坛之必循其阶，而不可以躐等。"⑥ 意思是说治经明道必须遵循由字到词、词到道的顺序，这是不可逾越的；正如登堂坛必须顺着台阶一级一级地上，不可逾越一样。这也就是孔子的"欲速则不达"的意思。

戴震认为，他自己十七岁就开始学习经典，并且认为非求之六经孔孟不得，非从事于字义制度名物，无以通其语言。是犹"欲渡江而弃舟楫，欲登高而无阶梯也"⑦。他又指出："经之至者道也；所以明道者，其词也，所以成词者，字也。由字以通其词，由词以通其道必有渐。由文字以通乎语言，由语言以通乎古圣贤之心志，譬之适堂坛之必循其阶而

---

①　（清）戴震：《戴震全集（一）：答郑丈用牧书》，清华大学出版社 1991 年版，第2687 页。

②　（清）戴震：《戴震全集：与某书》，清华大学出版社 1991 年版，第 211 页。

③　同上。

④　李琳琦：《徽州教育》，安徽人民出版社 2005 年版，第 195 页。

⑤　张岱年主编：《戴震全集（六）：孟子字义疏证卷中》，黄山书社 1995 年版，第 186 页。

⑥　（清）戴震：《戴东原集：古经解钩沉序》，中华书局 1961 年版，第 156 页。

⑦　（清）戴震：《戴震全集（一）：与段若膺论理书》，清华大学出版社 1991 年版，第 213页。

不可躐等"①。他讲得很清楚，由字通词，由词通义，循序渐进，是学习的重要步骤；如果不掌握字或词，便不可能了解义理，所以他认为这就是义理、制数和文章三者的关系，对任何一方都不能偏废。只有这样，才能真正掌握经典。

（三）博中求精，由博返约

这是在学习中强调广博与专精相结合。要求既要广博学习，又要达到专精的程度，由博返约，守约施博。首先，学习要全面。也就是说学习要达到"十分之见"，只有对事物的古今沿革、来龙去脉都弄清楚，才能称得上是"自化"，才能达到"自得"的程度。学习就是个广览群书、广纳知识的过程。除此之外，要想达到"十分之见"还必须以精审为基础。精审就是要察尽事物之分理，只有这样，才能避免"察之昧"。才能了解事物的各个方面，掌握更精细的知识，从而达到"致其知"的目的。他特别强调学习要精，"学贵精不贵博，吾之学，不务博也"，"知得十件，而都不到地，不如知得一件，却到地也"②。这并不是说不要广博，他所强调的是精审基础上的博。另外，戴震也强调学习要实事求是，存疑善问，等等。

（四）下学上达，感知结合

戴震认为理只不过是伦常日用、事物运动表现出的条理而已。圣人之道在典章制度之中，所以他认为学习就是要把握事物的条理，通过详考典章制度而获得圣人之道，他主张通过考据来获取"理"。此外，戴震说荀子看到学的重要，提到圣人是人之所积而致，认为荀子善言学；但荀子之说"无于内而取外"，是不够全面的，要能够"有于内而资于外"才对。可见与荀子不同，戴震认为单有外面条件是不够的，必须本身具有此可能性才行。戴震强调"下学而上达"，认为学习是从可靠和坚实的感性基础上向理性上升，是从实践到理论的过程。他说："宋以来，儒者以己之见硬坐为古贤圣立言之意，而语言文字，实未之知。"③"凡学未至贯本末，彻精粗，徒以意衡量，就令载籍极博，犹所谓'思而不学则

---

① 李琳琦：《徽州教育》，安徽人民出版社 2005 年版，第 195—198 页。
② （清）戴震：《戴震全集：戴东原先生年谱》，清华大学出版社 1991 年版，第 4326 页。
③ （清）戴震：《戴东原集：与某书》，中华书局 1961 年版，第 86 页。

殆'。"① 这里戴震肯定了"下学"是"上达"的基础，只有通过实证之学才能到达"知"的境界。

为了掌握义理，戴震要求学者必须学好制数、名物、音韵等知识，借以深刻领会六经□的义理。戴震指出人皆有"通天下之理"的"才质"，"夫人之异于物者，人能明于必然，百物之生，各遂其自然也"②。人之所以通天下之理，是因为人有耳目口鼻与心知的感知能力，它们各有自己的感知功能，区此教育应当尽可能地教人利用这些器官去感知事物，扩充学问以"尽人之才"。如果只教人"冥心求理"，视耳目口鼻于声色嗅味之知为"人欲"，或只教人囿于经典书本之知，必然使人舍耳目口鼻之用而蔽于客观外在事物之理，以致"学成而民情不知……及其责民也，民莫能辨，彼方自以为理得，而天下受其害众也"（《孟子·离娄下》）。戴震肯定才质有差等，但才质是可以通过教育来改造变化的，"因材质而进之以学，皆可至于圣人"。③ 而其学必须有同饮食，有资心知之养，而不是戕害"血气心知"的"私蔽"之教。在强调感性知识的重要性同时，戴震还十分强调理性知识的必要性。指出只有理性知识，才能把握必然，"知其必然，斯通乎天地之德"，"归于必然，适完其自然"，④才能发展和完善人的才质，使学者达到"贤才"的标准。戴震要求学者"重学问，贵扩充"，"扩充其知，至于神明"。只有达到"神明"境界，才能在自然与必然的关系中，实现知与行的自由，实现"尽人之才"，完善自我的道德理性。

第二节　教学心理论

一　"明理解蔽"的教学目的

在批判宋儒的过程中，戴震提出了"明理解蔽"的教学目的论。宋儒主张教育目的是恢复始初本有的善的本性，所谓"学可以明善而复其初"⑤。他们所说的"善"，就是"理""天理"。因此，他们要求为学之

① （清）戴震：《戴东原集：与任孝廉幼植书》，中华书局1961年版，第95页。
② 张岱年主编：《戴震全□（六）：孟子字义疏证卷上》，黄山书社1995年版，第169页。
③ 张岱年主编：《戴震全□（六）：孟子字义疏证卷下》，黄山书社1995年版，第205页。
④ 张岱年主编：《戴震全□（六）：原善卷上》，黄山书社1995年版，第11页。
⑤ （宋）朱熹：《四书集注：论文》，江苏古籍出版社2005年版，第12页。

生"负心求理"。对此，戴震反驳说："后儒冥心求理，其绳以理，严于商韩之法，故学成而民情不知，天下自此多迂儒。"① 让学生负心求理，结果只能培养出"迂儒"。要这样的人去实行戴震所期盼的"体民之情，遂民之欲'的王道政治，当然是不可能的。实际上，后儒要学生负心求索的"理"就是酷吏的"法"。戴震说："所谓理者，同于酷吏之所谓法。酷吏以法杀人，后儒以理杀人。"他认为"天下古今之人，其大患，私与蔽二端而已。私生于欲之失，蔽生于知之失"②。要补救欲之失，就要强行恕道，对人须有同情心，对己则须自节。这样，才能由多欲变为寡欲，达到去私的目的。救蔽的偏失，莫如求学；学而明理，就可解蔽。戴震说："去私莫如强恕，解蔽莫如学。"③ 不过，他讲的"理"与宋儒不同。宋儒认为，"性是实理，仁义礼智皆具"（《朱子语类》卷五）。宋儒的"理"是仁义礼智的本然之性。戴震的"理"是指客观规律。理就是客观规律，教育的目的在于使受教育者认识和把握客观规律。这样，就能解除无知的蒙蔽，使学生掌握并按客观规律"行事"，成为"通民之欲，体民之情"的"贤人""圣人"，这是"民赖以生"的。

二　"圣善之人"的教学目标

戴震的教学目标包含两个层次：第一是培养天人合一的圣人；第二是实行王道的"善"人。一是一般意义的"善"人（"仁且智"者），一是圣人（"仁智中和"者），他认为能达到圣人境界的人不多，但达到一般意义上的"善"人的境界却是较容易的，社会要培养的人才主要是一般意义上的"善"人。就是说，要在全社会倡导"善"人特别是一般意义上的"善"人的培养不但是必要的，而且是可行的。戴震培养"善"人的教学目标，用他自己的话说："《记》曰：'饮食男女，人之大欲存焉；圣人治天下，体民之情'遂民之欲，而王道备。……孟子告齐梁之君，曰'与民同乐'，曰'省刑罚，薄税敛'；曰'必使仰足以事父母，俯足以畜妻子'；'居者有积仓，行者有裹粮'；曰'内无怨女，外无旷

---

① 张岱年主编：《戴震全书（六）：与某书》，黄山书社1995年版，第496页。

② 张岱年主编：《戴震全书（六）：孟子字义疏证卷上》，黄山书社1995年版，第106页。

③ 张岱年主编：《戴震全书（六）：原善卷下》，黄山书社1995年版，第23页。

夫'，仁政如是，王道如是而已矣。"① 我们知道先秦儒家的教育理想具有浓厚的政治实践性，即所谓"修己治人"之道，《大学》所谓修齐治平，强调首先要学做圣人，这就要修身，目的在于齐家、治国、平天下。戴震强调要求道，尽道，学为圣人，目的也是通过圣人来实行王道的社会政治理想。也就是说戴震强调"一人之欲，天下人之同欲也"②，圣人要与天下百姓同欲，进而推出圣人遂己之欲，广之而遂天下人之欲；达己之情，广之而达天下人之情。

天人合一是中国古代教育的理想境界，戴震继承了中国古代思想的这一传统，在教学目标上提出了要培养圣人、贤人、君子的观点。戴震所说的圣人，应该有以下特征：第一，是至仁之人。仁是理想人格的基础。他说的"至仁尽伦，圣人也"③，正是这个意思。第二，圣人亦有欲。中国古代思想中对于"欲"多取压制态度，宋明理学更是提出"存天理，灭人欲"。戴震指出人的欲望同认识、情感一样是上天赋予的合理的东西，提出人应该无私，但不必无欲。戴震主张有情有欲，但作为理想人格的君子，必须与天下同欲。第三，是全德之人。所谓全德，即是"诚"，它包括仁、义、礼、智、勇。

三　"等差凡几"的教学对象

戴震认为人与人之间的素质是有差别的，但只是"等差凡几"，"人虽有智有愚"，但却"大致相近"，"而智愚之甚远者盖鲜"。戴震指出人皆有"通天下之理"的"才质"，"夫人之异于物者，人能明于必然，百物之生，各遂其自然也"④。人之所以通天下之理，是因为人有耳目口鼻与心知的感知能力，它们各有自己的感知功能，因此教育应当尽可能地教人利用这些器官去感知事物，扩充学问以"尽人之才"。如果只教人"冥心求理"，视耳目鼻口于声色嗅味之知为"人欲"，或只教人囿于经典书本之知，必然使人舍耳目口鼻之用而蔽于客观外在事物之理，以至于"此理欲之辨，适以穷天下之人尽转移为欺伪之人，为祸何可胜言也

---

① 张岱年主编：《戴震全书（六）：孟子字义疏证卷上》，黄山书社1995年版，第161页。
② 同上书，第152页。
③ 张岱年主编：《戴震全书（六）：原善卷下》，黄山书社1995年版，第24页。
④ 张岱年主编：《戴震全书（六）：孟子字义疏证卷上》，黄山书社1995年版，第169页。

哉"。①

　　戴震认为人的资质不同，发展不同，但可以通过教育来缩小人与人之间的差距。所以他强调人只要通过学习，虽愚也可以"极而至乎圣人之神明"。他认为愚是可以改变的，只要"加之以学，则日近于智"，"虽愚必明"。因此，他强调"君子慎习而贵学"。他认为："人之血气心知本乎阴阳五行者，性也。如血资饮食，其化也，即为我之血气，非复所饮食之物矣；心知之资于问学，其得之也亦然。以血气言，昔者弱而今者强，是血气之得其养也，以心知言，或者狭小而今者广大，昔者暗昧而今也明察，是心知之得其养也，故曰：虽愚必明。人之血气心智，其天定者往往不齐，得养不得养，遂至于大异。苟知问学犹饮食，则贵其化，不贵其不化。记问之学，入而不化者也。自得之，则居之安，资之深，取之左右逢源，我立心知，极而至乎圣人之神明矣。"②

　　这就是说，只要"慎习""贵学""贵其化"，人的认识就能由"暗昧"到"明察"，即由不知到知；由"狭小"到"广大"，即由知得不多到知得更多。如果我们消化和理解了所学的东西，就能牢固地掌握它，学问多了就能运用自如。这样，认识就可能达到同圣人一样的境界。因此他又说："人之初生，不食则死；人之幼稚，不学则愚。食以养其身，充之使长；学以养其良，充之至贤人圣人。……才虽美，譬之良玉，成器而宝之，气泽日亲，久能发其光，可宝加乎其前矣；剥之蚀之，弃之不异，久且坏伤无色，可宝减乎其前矣。"③ 他说得很清楚，人"不学则愚"，学以养其良，人需要教育，如同良玉需要加工琢磨一样，而"充之至于贤人圣人"，便能达到"完其自然，归于自然"的教育目的。

四　"通经明道"的教学内容

　　教学目标决定着教学内容。戴震认为能"明理解蔽"，有智仁勇的"贤人"，就必须"通经明道"。"通经"就是要认真学习儒家经典，因为"圣人之道在六经"④。"明道"就是指还要学习和掌握多学科的实用知

---

① 张岱年主编：《戴震全书（六）：孟子字义疏证卷下》，黄山书社 1995 年版，第 217 页。
② 张岱年主编：《戴震全书（六）：孟子字义疏证卷上》，黄山书社 1995 年版，第 159 页。
③ 张岱年主编：《戴震全书（六）：孟子字义疏证卷下》，黄山书社 1995 年版，第 199 页。
④ 张岱年主编：《戴震全书（六）：与方希原书》，黄山书社 1995 年版，第 375 页。

识。戴震把"六经'作为教育的主要内容，并分为义理、制数和文章三个科目。他说："古今学问之途，大致有三：或事于理义，或事于制数，或事于文章。对人之道在六经，汉儒得其制数而失其义理；宋儒得其火理而失其制数。有人焉，履泰山之巅，可以言山；有人焉，跨北海之涯，可以言水，二人者不相谋，天地间之巨观，目不会收其可哉？"①

戴震在这里并不把义理、制数和文章三者同等看待，他肯定以义理为主，把制数与文章作为用以掌握义理的工具。他认为学生首当通经，这是学问的根本。他认为，士不通经，则材不纯，识不粹，不足以适于化理。所以，他把'六经"作为教学的主要内容。他的门人段玉裁曾对此做了说明："义理者，文章考核之原也；执乎义理而后能考核，能文章。""六书九数等事尽我　是犹误轿夫为轿中也。""先生有志闻道，谓非求之《六经》、孔孟不得，非从事发于字义、制度、各物无由以通其语言。"②

戴震还认为，为了会通诸经，还必须学习和掌握天文、地理、算术、水利、工程等自然科学知识。在他的教学内容中，常把天文、地理、工艺等列为学生的必学科目。他本人在天文、数学、地理、水利、工程等自然科学方面都有精湛的造诣，并有很多编纂和著作。③ 他曾说："不知恒星七政所以运行，则掩卷不能卒业""不知鸟兽虫鱼草木之状类名号，则比兴之意承"④，等等。要弄懂经文，就必须训诂、考据，同时也不能缺少天文地理、制度、工艺、数学等实用知识。戴震的自然科学知识教育本质上是为经学本身服务的，但毕竟突破了经文框架的限制。他曾设想将《诗》《书》《礼》《易》《春秋》《论语》《孟子》七经分为五大门类：训诂篇，即语言学；原学篇，即天文数学；学礼篇，指社会政治；水地篇，指地理、工程技术；原善篇，即道德、哲学。他以解释七经的形式，阐述了自己较系统的学科理论。这个新的学科理论体系构想，反映了明中叶后西方科学知识输入的影响，也反映了资本主义生产关系萌芽时期市民阶级兴起的对知识的客观需要。自然科学方面，他的最大成就是他在四库馆时搜集校注的许多已散失的古算书，如《周髀算经》《九章算

---

① 张岱年主编：《戴震全书（六）：与方希原书》，黄山书社1995年版，第375页。
② 张岱年主编：《戴震全书（六）：东原年谱》，黄山书社1995年版，第677页。
③ 李琳琦：《徽州教育》，安徽人民出版社2005年版，第191页。
④ 张岱年主编：《戴震全书（六）：与仲明论学书》，黄山书社1995年版，第371页。

术》等，后人将这些刊为《算经十书》，一直留传至今。这是中华民族宝贵的文化遗产，这一活动反映了他关于教育内容的新主张。

五　"行先知后"的教学过程

戴震反对"知先行后"说，也否定"知行合一"说，主张"行先知后"说，对"曰博学、审问、慎思、明辨、笃行，而终之曰：果能此道矣"[①] 重新作了阐发。他们认为知和行有区别，不能"销行于知"，但"知行终始不相离"，而行是基础"行"不仅是"知"的来源，而且渗透学、问、思、辨各个环节之中启蒙学派强调"履事""习事""实历""习行""习作""实践"在教学中的首要作用，但同时亦指出知对行具有反作用，指导人们趋利避害。他指出"行可兼知，而知不可兼行"，强调了"行"即实践在认识上的作用。并提出了运动变化的辩证法思想，反对理学主静的思想，提出了"静者静动，非不动也"的命题。戴震还认为把握事物的规则，是靠理性分析的，"事物之义理，必就事物剖析至为微而后理得"。"格物致知"就是审察事物而后得其条理。他自己说"致知在格物，何也？事物来吾前，虽以圣人当之，不审察无以尽其实情也，是非善恶未易决也。格之云者，于物情有得而无失，思之贯通，不遗毫末，夫然后在己则不惑，施及天下国家则无憾。此之谓致知"[②]。这种审察和"思之贯通"的方法，包含有一定的科学精神。"知"与"行"两者是相辅而行的，"知行相资以为用"，知行"并进而有功"的知行观及其教学过程论，在一定程度上，已将自发的辩证法和朴素的唯物论结合起来，为近代资产阶级教育思想的产生开辟了道路。

六　"唯物辩证"的教学方法

信奉唯心主义论的程朱理学认为先有理然后有物，"理有许多，故物有许多"，万事万物都是"理"在现实世界中的表现，所以他们在学习方法上强调"居敬穷理"，用内省和静坐的方法来获得"理"。而戴震以自己朴素唯物论和辩证法为指导，猛烈批判宋儒的教学方法，继承孔孟以来的成功方法，结合自己的实践经验，提出了一整套值得批判继承的教

---

① 张岱年主编：《戴震全书（六）：孟子字义疏证卷下》，黄山书社1995年版，第204页。
② 张岱年主编：《戴震全书（六）：原善卷下》，黄山书社1995年版，第27页。

学方法。

（一）坚持实事求是，反对私智穿凿

中国古代哲学的一个特点是不讲本体论，而用"实事求是"来表达唯物主义观点。在教学上，孔子首倡"知之为知之，不知为不知"（《为政》）的实事求是原则，反对"意、必、固、我"（《子罕》）的主观主义弊端。实事求是，后来成为儒家教学法的重要原则。宋以后，这一原则被遗忘，理学家们凭空臆断、私智穿凿，甚或杂袭老释解说《六经》、孔孟之书。对此，戴震强烈抨击，他说宋代以来的儒家学者，只是生硬地学习古代圣贤的文章，不能理解其本身真正的含义，不明白其事情的原委。又说："宋人则恃胸臆为断，故其袭取者多谬，而不谬者在其所弃。……则于所言之意必差，而道从此失。"① 这种私智穿凿的学风造成了极大的危害，主要有：一是缘词生训；一是守讹传谬。缘词生训者，所训之义，非其本义；守讹传谬者，所据之经，非其本经。对此，戴震提出了自己的主张："其得于学：不以人蔽己，不以己自蔽；不为一时之名，亦不期后世之名。有名之见，其弊一：非拮击前人以自表曝，即依傍昔儒以附骥尾。…… 私智穿凿者，或非尽拮击以自表曝，积非成是而无从知，先入为主而惑以终身；或非尽依傍以附骥尾，无鄙陋之心而失与之等。"② 戴震提出了坚持实事求是、反对私智穿凿的两个原则。坚持着两个原则，必须做到：第一，不以人蔽己。即自己要有主见，不要人云亦云。为此，必须认真读书，切实弄懂字义文理。他说："治经先考字义，次通文理，志存闻道，必空所依傍。"③ 第二，不以己自蔽。即要讲究客观全面的方法，不要以主观的见解强行判断。必须"微之古而靡不条贯，合诸道而不留余议，巨细毕究，本末兼察"④。第三，不存有名之见。有了求名之心，就会或者攻击前人以抬高自己，或者依傍昔儒以求显己。戴震认为，只有坚持这两个原则，才能杜绝私智穿凿，做到实事求是。他的这一态度，打破了宋明理学的空疏学风，确立了清代考证学派的新学风。

---

① 张岱年主编：《戴震全书（六）：与某书》，黄山书社 1995 年版，第 496 页。

② （清）戴震：《戴震集·答郑丈用牧书》，上海古籍出版社 1980 年版，第 186 页。

③ 张岱年主编：《戴震全书（六）：与某书》，黄山书社 1995 年版，第 496 页。

④ 张岱年主编：《戴震全书（六）：与姚孝廉姬传书》，黄山书社 1995 年版，第 373 页。

（二）存疑求真，无徴不信

实事求是原则在教学中的一个重要表现是存疑求真、无徴不信。戴震在教学和学术活动中，坚持存疑求真、无徴不信的学风。戴震不仅善于怀疑，而更花大力气去寻求佐证。他遍治古训、声韵、历算、天文、地理、名物、典章、制度，就是为了求徴释疑，获得真知。洪榜说："先生读书，每一字必求其义"，"每一事必综其全而核之"（《行状》）。有一次，他为了读懂《尧典》而研究恒星七政之运行；为弄懂比兴之意而去研究鸟兽、虫鱼、草木之状类名号等。他总是为了求得可靠的佐徴，研究一切可能得到的物证和先人未失之传说。正是因为戴震能无徴不信、存疑求真，广泛求徴，所以能获得真知灼见。余廷灿在概述他的治学特色时说："有一字不准《六经》，一字解不通贯群经，即无稽者不信，不信者必反复参证而后即安。以故胸中所得，皆破出《传》《注》重围，不为歧旁骄枝所惑，而壹凛古经，以求归至是，符契真源。"[1] 戴震的这种治学方法，既是对孔孟传统的发扬光大，又给有清一代学术界以深刻影响。

（三）淹博精审，博中求精

中国古代哲学中有着丰富的辩证法思想，孔子是第一个在教学中比较自觉运用辩证法的人。他要求学生"博学于文，约之以礼"（《雍也》）。博，要博到"多识于鸟兽草木之名"（《阳货》）。约，要约到"一以贯之"（《卫灵公》）。孟子继承了孔子博中求约的思想，主张"博学而详说之，将以反说约也"（《离娄下》）。又说："守约而施博者，善道也；君子之守，修其身而天下平。"（《尽心下》）戴震在《疏证》中引用孔孟这些话后说："《六经》、孔孟之书，语行之约，务在修身而已；语知之约，致其心之明而已。"[2] 他认为为学既须淹博又须精审，以期达到博中求真。闻见不可不广，但又须气白精于道。然而，要做到这一点是比较困难的。戴震说："仆闻事于经学，盖有三难：淹博难，识断难，精审难。"[3] 他为学范围极广，凌廷堪在《事略状》中说："先生之学，无所不通，而其所由以至道者，则有二：曰小学，曰测算，曰典章制度。"他列举了这两个

---

① 余廷灿：《戴东原先生事略：国朝耆献类征》，广陵书社 2007 年版，第 131 页。
② 张岱年主编：《戴震全书（六）：孟子字义疏证卷下》，黄山书社 1995 年版，第 214 页。
③ 张岱年主编：《戴震全书（六）：与是仲明论学书》，黄山书社 1995 年版，第 371 页。

方面的大量著作，以确证戴震学问之广博。

此外，戴震还提出了"扩充"的教育作用。理学家们认为"自家原是天然完全自足之物，只是因为'理为形气所污，故学焉以复其初"。而戴震则以之为不然。他认为人不是"完全自足"的，必须要接受教育。如其将程朱理学乃至于陆王心学推到极处，简直是否认教育。对于教育所起的作用，戴震说："人之初生，不食则死；人之幼稚，不学则愚。食以养其生，充之使长；学以养其良，充之至于圣人贤人，其故一也。"①教育的作用就是"扩充"，扩充人们原有的善端，使得人们的思想道德修养不断完善。而所谓的坏人则是由于不良社会环境和风气的影响，而使得善端失去培养，丧失殆尽。戴震指出，不断学习，不断追求各种知识是使认识接近客观事实、接近真理的最重要的条件之一。他认为人的知识的获取不是一蹴而就的，而要通过后天的学习使人的认识不断得到扩充。人的知识的获取就像一个人从食物中吸取养分从而不断成长壮大的过程一样。

第三节 教师心理论

中国自古是一个尊师重教、崇尚师德的国家。孔子说："三人行必有我师焉。择其善者而从之，其不善而改之。"（论语·述而）可见孔子主张学无常师，以善者为师。《学记》里也强调"择师不可不慎"。择师与慎友是我国古代学者一贯强调的思想。那么，怎样才能做一名合格的老师呢？或者说，一名好老师应该具备哪些基本的心理品质呢？戴震就此问题虽然没有提出明确主张，但我们可以从他的教育心理思想中概括出以下几点。

一 乐学进取，善疑好问

作为一名合格的教师，首先他自己应该是乐学进取的。戴震对他的学生段玉裁说："余於疏不能尽记，经、注则无不能倍（背）诵也。"② 他自己也是这样做的，认为学问只有经过自己深刻而具体的理解之后才能

---

① 张岱年主编：《戴震全书（六）：孟子字义疏证卷下》，黄山书社1995年版，第199页。
② （清）戴震：《戴震集：戴震年谱》，上海古籍出版社1980年版，第455页。

更好地把握它。这就要求教师应该乐学，并且对所学的知识要融会贯通。其次，一名称职的老师也应该是善疑好问的。这种"道问学"的治学方法要求老师不仅要善于思索，还应重视语言文字的学习。章学诚说："戴君学术，实自朱子'道问学'而得之，故戒人以凿空言理，其说深探本原，不可易矣。"① 戴震出身于小商人家庭，因其家境贫寒，其父母靠"商贾东西行营于外"，贩布"以就口食"。② 戴震十岁时才会说话，据段玉裁记载："先生是年乃能言，盖聪明蕴蓄者深矣。就傅读书，过目成诵，日数千言不肯休。"③ 戴震幼时读《大学章句》，便问《大学》是何时的书，朱子又是何时的人。塾师告诉他《大学》是周代的书，朱子则是宋代的大儒。他便问宋代人如何知道一千多年前的事。明清以来徽歙地区重经商、重知识的社会风气，使戴震能够遍览诸经及百家之书，并对《说文》《十三经注疏》等经学典籍有了深入的了解和把握。特别是从戴震诵读"《大学》右经一章"时所提出的一系列疑问，更可以看出戴震追根究底式的为学个性及对经典和传统的怀疑、批判性格。④

二　教学相长，亦师亦友

教师在教学中正确处理师生关系，有利于产生良好的教育效果。《学记》首先提出"教学相长"的概念："学然后知不足，教然后知困。知不足，然后能自反也；知困，然后能自强也。故曰：教学相长也。"可见，教学相长已成为中国教育史上的一种优良传统。戴震也不例外。他师承江永，二人交往亦师亦友。江永谢世，戴震悲痛万分，随即写了《江慎修先生事略状》，评价先生的功业，进一步体现了他尊敬老师的态度和师友同道的学术平等精神。戴震青少年时代的游学经历给其教育思想以强烈的影响，比如郑牧、汪肇龙、程瑶田、方矩、金榜等，他们同门为朋，和戴震同时以江永为师。程瑶田曾说："吾与东原交几三十年，知东原最深。"⑤ 这些都说明一位合格的老师还应该在一个良好的学术氛围内不断进取，与学生共同进步，用一种平等爱护的心理去实施教学。在知识爆

① 章学诚：《文史通义校注·书朱陆篇后》，中华书局1985年版，第276页。
② 张岱年主编：《戴震全书（六）：戴节妇家传》，黄山书社1995年版，第440页。
③ （清）戴震：《戴震文集·戴东原先生年谱》，中华书局1980年版，第216页。
④ 张岱年主编：《戴震全书（七）：戴先生行状》，黄山书社1997年版，第4页。
⑤ 程瑶田：《通艺录·五友记七》，安徽丛书第二期函装本下函。

炸资讯发达的今天，传播知识又岂止于校园课堂。学生某一方面超过老师，学生提出的疑问老师当场回答不了，已是不足为怪的事。教鞭指处未必都是真理。这就要求老师不断地充电，博采众智，包括放下身份向学生学习。新的师生之道应是：亦师亦友，同学共进。

三　品德良好，以理服人

教师应注重以良好的品德修养对学生言传身教，以身作则，用自己良好的行为榜样对学生的心理产生潜移默化的影响。只有这样发挥榜样的作用，使学生产生模仿教师的意识，才能真正树立教师的威信。"师"的读音通示范的示，即要求老师要为人师表，正所谓"学高为师，身正为范"。为人之师第一要义是提高自身的素质，且把师德摆在首位，身教重于言教，率先为学生做出榜样。否则，就会遮蔽真理的光芒，折损智慧的翅膀。戴震严禁的学风，多学科的造诣，使他在中年以后已是一位"声重京师"的学者，许多士子敬慕他的学识，纷纷请求拜他为师。他谦逊好学，不好为人师，以友相师。

对于段玉裁的拜师信，他回复说："兄实出于好学之盛心，弟亦非谦逊不敢也。古人所谓友，原有相师之义，我辈但还古人之友道可耳。今将来札奉缴。"[①] 乾隆四十一年（1776），段玉裁以所作《六书音韵表》求教于戴震。戴震遂作《答段若膺论韵》，长达 6000 言的书信，既认定该书的得失，又以平等探讨的口吻与他的学生研究古韵分类法。第二年，戴震又为此书作《六书音韵表序》，在他去世前，还关心着段玉裁的这本书。戴震去世后，段玉裁"朔望必庄诵震手札一通"，每逢讲到老师的名字，必定垂手拱立，到老不变，可见感情至深，至真。段玉裁又怀着深厚感情撰写了《戴东原先生年谱》，以治学为中心，记述戴震一生的著述成果和交游，内容丰富，材料翔实。由此可知，戴震主张师生平等，谦逊好学的优良作风，更是强调为人师者应加强自身品德修养。

第四节　教育心理思想的影响

戴震的教育心理思想在中国教育史上曾产生过重要影响，为后世广

---

① 　（清）戴震：《戴震全集·戴东原先生年谱》，清华大学出版社 1991 年版，第 3392 页。

为流传，这是无可置疑的。他的教育心理学思想大多集中在他后 20 年所撰写的《原善》《孟子字义疏证》等三十多部哲学著作里。其中特别是《孟子字义疏证》一书，撰写时间长达十二年（1765—1777）之久，被后人誉为"百炼之金"（段玉裁：《经韵楼集》卷七《答程易田丈书》），是"近三百年的哲学杰作"①。此书受到的评价甚高，可以说，正是这本千秋巨著奠定了他在教育心理思想上不可磨灭的历史功绩。他一生从事学术，为清学中坚；一生从事教学，积累了丰富的教学经验；在他的思想中已孕育着现代教育要求的开端，这是非常可贵的。

　　戴震教育心理思想中充分体现了以人为本的思想，特别是在教育对象认为"等差凡几"，认为人的资质不同，发展不同，但可以通过教育来缩小人与人之间的差距。教育目标上认为没有人生来就是圣人，即使是圣人也是后天人为的。他认为圣人之所以能成为圣人是知道人可以通过后天的学习来完善和扩充。戴震对《论语》中"唯上智下愚不移"的命题重新加以阐释，成为自己的见解。他认为"智愚"之间、"君子与小人"之间并无绝对的界限，其原因主要在于后天是否努力。只要自觉努力，就能由下愚变为上智、由小人变君子。只有那种"自绝于学"不思上进、任其自然的人，才会越来越愚。对于没有改变的愚者，只是因为他们往往"知善而不为""知不善而为之"，缺乏改过迁善的主观努力和自觉性，而并非不可改变。只要愿意学习，就"可以增益其不足而进于智"。坚持不断学习，则可以"益之不已，至乎其极"，最终达到圣人的境界。即使是所谓"生而蔽锢"的"下愚之人"，虽"其精爽几与物等者，亦究异于物"，"视禽兽之不能开通亦异也"。正是从这种人性可以扩充、开通的观点出发，戴震响亮地提出了"下愚可移"的口号：下愚者"无不可移也"，"以不移定为下愚"，是因其往往"自绝于学"，"知善而不为，知不善而为之"②。戴震对人性和人的潜能的自信，对学习在完善人性方面的功能的重视，以及隐含在"下愚可移"论中平民教育主张。

　　戴震主张教育应恢复到理学以前的儒家理想状态，以孟子性善论作为理论基础，使人性之自然与教育之必然有机统一，在欲中求理，在事物之中求理之当，"遂其生亦遂人之生"，建立仁道社会秩序，实行仁政，

---

①　杜国庠：《披着"经言"外衣的哲学》，人民出版社 1962 年版，第 370 页。

②　张岱年主编：《戴震全书（六）：孟子字义疏证卷中》，黄山书社 1995 年版，第 185 页。

使天下之生民皆遂其欲，皆得其生，皆资其养。戴震指出，性善论充分肯定了人的生存意义与人生价值，肯定了人欲的正当合理性，而宋明理学家以理气分殊的观点，否定人欲的合理性与必要性，是在理论上违背了"自然与必然"的统一规律。孟子的性善论肯定人欲出于人性之自然，故强调扩充作为培养人的善性，使人欲必归之于"仁义礼智"之必然。这种基于性善论的教育论，是从"自然"推到"必然"，故"自然"与"必然"是完全统一且符合理论逻辑的。但是，宋明理学外人欲而别立一"天理"，以虚无的"理义之性"为现实人性的对立物，这是离开了人性之"自然"的"邪说"。不仅如此，宋明理学家无情否定人欲的自然性，以为人欲来自"气质之性"，故要求教育"存天理，灭人欲"，以改造"气质之性"来恢复"理义之性"，教人"冥心求理"，这种"凭在己之意见是其所是非其所非"的理论。在逻辑上也无法推导到"体民之情，遂民之欲"的现实"必然"，结果导致"以理杀人"的局面。从这些思想看来，戴震的思想确实继承和发扬了孟子的民本思想，并开启了近代启蒙主义思想的先河。

戴震指出人皆有"道天下之理"的"才质"，"夫人之异于物者，人能明于必然，百物之生，各遂其自然也"①。人之所以通天下之理，是因为人有耳目口鼻与心知的感知能力，它们各有自己的感知功能，因此教育应当尽可能地教人利用这些器官去感知事物，扩充学问以"尽人之才"。如果只教人"冥心求理"，视耳目鼻口于声色嗅味之知为"人欲"，或只教人囿于经典书本之知，必然使人舍耳目鼻口之用而蔽于客观外在事物之理，以致"学成而民情不知……及其责民也，民莫能辨，彼方自以为理得，而天下受其害众也"②。戴震肯定才质有差等，但才质是可以通过教育来改造变化的，"因材质而进之以学，皆可至于圣人"。而其学必须有同饮食，有资心知之养。而不是戕害"血气心知"的"私蔽"之教。在强调感性知识的重要性同时，戴震还十分强调理性知识的必要性。指出只有理性知，才能把握必然，"知其必然，斯通乎天地之德"，"归于必然，适完其自然"，才能发展和完善人的才质，使学者达到"贤才"的标准。戴震要求学者"重学问，贵扩充"，"扩充其知，至于神明"。只有

① 张岱年主编：《戴震全书（六）：孟子字义疏证卷上》，黄山书社 1995 年版，第 169 页。
② 张岱年主编：《戴震全书（六）：孟子字义疏证卷下》，黄山书社 1995 年版，第 215 页。

达到"神明"境界，则在自然与必然的关系中，实现知与行的自由，实现"尽人之才"，完善自我的道德理性。戴震认为离开了人类社会最基本的物质生活，就无所谓人类最基本的道德生活和道德原则。他不仅肯定人的自然欲求，而且要求"体民之情、遂民之欲"，这样人人都可以使其个性得到自由的发展。"体民之情、遂民之欲"的学说具有新时代的特征。

戴震从个体角度分析人性的智愚差异，有利于避免以往从群体角度立论易流于在社会实践领域为社会各阶级和阶层的不平等事实张目的可能性。戴震实事求是地指出了造成"下愚"的先天后天因素和改变的可能与途径。这不但为"下愚"们改变自身的智力状况增强了信心，也为近代普及教育的平民主张提供了人性论方面的理论依据。他的教育思想是唯物主义的，虽不能完全摆脱旧约束，是在儒家的封建道德内立言，但他却在新的解释之中，扬弃了他认为旧的错误的东西，初步表现了一些新的方向，足以反映出当时理学教育思想已在没落途中，反映出一个新时代的教育趋向，从他的教育思想中可以见到明清之际的早期启蒙教育家的积极意义。

另外，戴震的教育心理思想加快了教育心理学思想的深化。戴震逝世后，他的教育心理学思想随着他的学术思想很快在东南沿海一些省份的知识界和教育界中流传开来。章学诚曾说过，在戴震学术思想的影响下，一些地区的知识界、教育界，已经造成了"不驳朱子，即不得为通人""诽圣诽贤，毫无顾忌"[1] 的时风。连攻击戴震最激烈的方东树也承认，戴震的学说"日益浸炽"，而"声华气焰又足以耸动一世。于是遂欲移程朱而代其统矣。一时如吴中、徽歙、金坛、扬州数十余家，益相煽和"。[2] 可见，戴震的思想在学术界有一定的传播价值和影响力。深受戴震影响的学者也不计其数，其中就有焦循、龚自珍、魏源等启蒙思想家。

作为深受戴震影响的扬州学派之重要人物的焦循，非常重视学者的性情在教育过程中的作用。他主张"学"与"思"、"实"与"虚"的结合，由于当时学风的弊端在"学而不思"，故他强调"思"。这种主性情和倡知辨的精神，不仅继承和发扬了戴震的教育心理思想，也融入了章

---

① 章学诚:《章氏遗书:朱陆篇书后》，文物出版社 1982 年版，第 78 页。
② 方东树:《汉学师承记（外二种）:汉学商兑》，生活·读书·新知三联书店 1998 年版，第 156 页。

学诚的"治学必兼性情"的观点。

龚自珍的思想进一步发展了戴震的情欲理论，并高度评价了"私"欲的价值作用，主张对"情"欲采取宽容甚至尊重的态度。他强调个人的作用，尊重和肯定人的"私"欲、"情"欲的合理性，反对用统一的标准和模式去衡量、培养人才。稍后于龚氏的魏源，其思想同样受到戴震思想的影响，因而他对脱离政治和实际的古文经学以及无补于国计民生的专务考证训诂的风气极为不满。他主张"大义为先"，"物名为后"。尊重人的个性差异，主张因材教人，因材用人。魏源认为，要知人善任，用人所长，使人才"为真事"而有"其功"，应该"学道者宜各知所短，用人者宜各因其所长"①。因此，他强调无论"教人"还是"用人"，只有建立在"知人"的基础上，才能取得效果。这种"知人善任"的思想，也反映出戴震治学精神的某种影响。

当代著名学者余英时教授认为："乾隆时期有两个戴东原：一是领导当时学风的考证学家戴东原，另一个则是与当时学风相悖的思想家戴东原。这两个戴东原在学术界所得到的毁誉恰好相反。"② 对于戴震的教育心理思想的历史地位和作用，教育界历来观点很不同。鉴于戴震在考据方面做出的巨大贡献，一般认为戴震是一位杰出的考据学家。但是对于戴震是否是一位伟大的思想家，并且是具有唯物主义的思想家，在这一问题上，无论在当时或是后世，学术界和教育界往往都是众说纷纭、褒贬不一、评价各异的。我们应以马克思主义为指导，给予他应有的历史地位和恰当的评价。

戴震学说中的积极因素为一些进步的知识分子所推崇和赞扬。章太炎是近代首先评论和推崇戴震的人。他赞赏戴震的学说代表了人民的愿望，认为戴震学说的思想解放意义不亚于卢梭和孟德斯鸠。他说："震自幼为贾贩，转运千里，复具知民生隐曲"，"故发愤著《原善》《孟子字义疏证》，专务平恕，为臣民诉上天"③。可以这样说，正是在章太炎等人的宣传下，戴震的学说和思想才能更广泛地为世人所重视。到了五四运动时期，一些激进的民主主义思想家，也都在不同程度上受到了戴震教

---

① （清）魏源：《魏源集：默觚·治篇六》，中华书局1961年版，第47页。

② 余英时：《论戴震与章学诚》，生活·读书·新知三联书店2005年版，第103页。

③ 章太炎：《章太炎全集（第四册）：释戴》，上海人民出版社1985年版，第124页。

育思想的影响，曾利用过戴震反理学的斗争成果和经验去批判孔子，喊出了"打倒孔家店"的口号，对近代的民主思想具有一定的启蒙意义。

近代学者梁启超曾这样说过："东原学术，虽有多方面，然足以不朽的全在他的哲学"，"戴东原先生为前清学者第一人，其考证学集一代大成，其哲学发二千年所未发"①。现代学者胡适也说："人都知道戴东原是清代经学的大师，音韵的大师，清代考据之学的第一大师。但很少有人知道他是朱子以后第一个大思想家、大哲学家。"② 胡适的这一评价是否完全恰当，是可以讨论的，然而关于戴震在历史上的重大影响和历史地位是确认无疑的，那就是充分肯定他的思想中的精华之处。

对戴震的学术思想、教育思想持反对态度或批判态度的学者也大有人在。戴震用于指名道姓的批判程朱理学，自然触痛了那些封建卫道士们的敏感神经和内心痛处，他们以谩骂的手段来攻击和贬低戴震，姚鼐就是其中的一个。他说："戴东原言考证岂不佳，而欲言义理以夺洛闽（指程朱理学）之席，可谓愚妄不自量力之甚矣。"③

总之，戴震的教育心理思想是在对理学思想的批判中诞生，在唯物主义哲学理论的基础上建立的，把反理学教育推向了一个新的发展阶段，对唯物主义教育心理思想的恢复和发展做出了重大贡献。经过长期教学实践，戴震积累了丰富而宝贵的教学经验，这些经验对今天的教育仍具有启发性。但由于时代和阶级的限制，他的教育思想也具有局限性。④ 因此，对于戴震这样著名的、有重要影响的思想家、教育家，我们要用马克思主义观点对其思想进行研究和探讨，虽然取得了一定的成绩，但仍然是不够充分的，特别是对戴震的教育心理思想的理论和实践研究还有待更进一步深入研究。这都需要我们从实际出发，坚持实事求是的原则对历史人物和事件进行客观的分析和解剖，取其精华，去其糟粕，用批判吸收的态度继承戴震的教育心理思想中有价值的文化遗产。

---

① 梁启超：《饮冰室合集：戴东原图书馆缘起》，中华书局 1927 年版，第 365 页。
② 胡适：《胡适学术文集·中国哲学史：戴东原的哲学》，中华书局 1991 年版，第1039 页。
③ （清）姚鼐：《惜抱轩文集：惜抱轩尺牍》，文海出版社 1959 年版，第 98 页。
④ 李琳琦：《徽州教育》，安徽人民出版社 2005 年版，第 199 页。

第七章

戴震的品德心理思想

戴震的品德心理学思想，主要在其道德思想和道德教育思想中体现出来。他的道德思想和道德教育思想的来源，主要是受到了他所生的时代的影响。他的一生处在清代雍正乾隆两朝时期，政治掌握在少数贵族大地主的手中，统治者为了进一步加强其统治地位，一方面大兴文字狱，压制和打击先进的思想；另一方面大力推崇程朱理学，同时提倡考据学，以统治士人思想。戴震虽然是考据学派的代表人物，但是他治考据训诂之学，是为了进一步建立新的义理。他自己也曾说到，他"有志闻道，谓非求之六经、孔、孟不得，非从事于字义、制度、名物无由以通其语言"①。他在考据训诂的基础上，建立义理。要了解戴震的道德思想，自然离不开他所著的《孟子字义疏证》和《原善》这两本书，这也是 18 世纪极为重要的哲学和教育理论的经典著作。此外，他的其他著作，如《孟子私淑录》以及《绪言》中也记录了他大量的关于道德和道德教育思想。对理学的批判无疑是他道德思想的基础，在此基础上，戴震提出了一些道德的基本理论。

第一节 品德本质论

戴震认为，道德的起源是实实在在的生活中的"人伦日用"。戴震把"道"分为"天道"和"人道"，"天道"是自然界的法则和规律，"人道"是人类社会生活的准则，即道德。他说："天道以天地之化言也，人

---

① 毛礼锐、瞿菊农、邵鹤亭编：《中国古代教育史》，人民教育出版社 1983 年版，第 464页。

道以人伦日用言也。是故在天地，则气化流行，生生不息，是谓道；在人物，则人伦日用，凡生生所有事，亦如气化之不可已，是谓道。"① 阴阳五行气化为天地、人物之后，才开始有天道与人道。阴阳五行（物质）生生不息的运动体现出天道，而人道则体现在个体的日常生活中，即"人道，人伦日用身之所行皆是也"。② 由此可见，戴震在道德起源上是彻底的唯物主义一元论。就道德的本质来说，戴震用自然与必然的关系加以来说明，即个体用血气心知（自然）认识日常生活过程中应遵循的必然法则。戴震说："物者，指其实体实事之名；则者，称其纯粹中正之名。实体实事，罔非自然，而归于必然，天地、人物、事为之理得矣。……尽乎人之理非他，人伦日用尽乎其必然而已矣。"③ 换言之，天道与人道都是自然的最高原则——必然的体现。人道之自然是"人性"，即血气心知，人性的自然表现就是欲、情、知。人道的必然就是仁、义、礼等道德要求。

一　人性本善的道德本源

戴震认为，凡是违背《易》《论语》和《孟子》等原典观点的人，对人性的说法大致有三种：一种是荀子、告子的观点，他们从人的生理欲望来讲人性，认为人性为恶，或有恶的成分，理是从外面来约束欲望的；一种是道家、佛家的观点，他们从心有知觉能力来讲人性，认为人的精神是先天独有的，理和欲都是后天才有的；一种是程朱的观点，他们从天理来讲人性，认为天理即人性、性本善，人的欲望和知觉能力，都是人的私心邪念。戴震总结道："三者之于性也，非其所去，贵其所取。"④ 在他看来，这三种关于人性的说法，都是各取所需，极为片面的。于是戴震提出了自己的一套人性论。他对人性论的分析之细密，论证之翔实，在中国过去是无人与之匹敌的，他不愧为中国古代人性论之集大成者。正如张岱年所言，古代的性论"到戴东原及作一更进的结束"⑤。

---

① 张岱年主编：《戴震全书（六）：孟子私淑录卷上》，黄山书社 1995 年版，第 38 页。
② 张岱年主编：《戴震全书（六）：孟子字义疏证卷上》，黄山书社 1995 年版，第 200 页。
③ 同上书，第 164 页。
④ 张岱年主编：《戴震全书（六）：原善卷中》，黄山书社 1995 年版，第 19 页。
⑤ 张岱年：《中国哲学大纲》，中国社会科学出版社 1982 年版，第 232 页。

（一）性是人为善的源泉

何谓"性"呢？戴震认为，性是人物品类借以互相区别的最本质的东西。人性，即是人区别于动植物最本质的东西。各种事物之间的区别，也是由各种物性所决定的，而各种物性又是通过其形体气类表现出来的，正如"如飞潜动植，举凡品物之性，皆就其气类别之"①。就是说，飞禽走兽、花鸟虫鱼以及各种动物与植物的区别，在其本性不同，而它们的本性又是通过其形体气类表现出来的。又如，桃与杏虽同为果木，但"根干枝叶，为华为实，形色臭味，桃非杏也，杏非桃也，无一不可区别"②。不但桃杏如此，"凡植禾稼卉木，畜鸟虫鱼，皆务知真性。知其性者，知其气类之殊，乃能使之硕大蕃滋也"③。"医家用药，在精辨其气类之殊，不别其性，则能杀人。"④ 就是说各种形体气类所体现出来的各种物性，是借以区别各种事物的最本质的东西，人们只有通过观察了解了各种事物的不同形体气类，进而把握各种事物的本性，才能更好地利用或发展某事物。

在戴震看来，天地万物都是气化流行的自然产物："人物以类滋生，皆气化之自然。"⑤ "人物之初，何尝非天之阴阳细缊凝成？"⑥ 就是说人和物都是阴阳五行之气化生的，但由于人和物分阴阳五行之气各殊，因此，人和物之性也千差万别。这就是戴震所说的"分而有之不齐，是以成性各殊"⑦。"由成性各殊，故才质亦殊。才质者，性之所呈也；舍才质安睹所谓性哉！"⑧ 就是说，具体的才质既是天地细化的结果，又是人物之性的开显，离开具体的才质，性则无从谈起。宋明理学家特别是程朱一派，于气质之上再立"天命""义理"之性，把"天命之性"与"气质之性"绝然分作二截，这是"离人而空论乎理"，违背了孔孟之圣教。

（二）血气心知是人性之实体

戴震认为血气心知是人性之实体，而血气和心知又不可分割。戴震

---

① 张岱年主编：《戴震全书（六）：孟子字义疏证卷中》，黄山书社1995年版，第190页。
② 同上。
③ 同上。
④ 同上。
⑤ 同上书，第180页。
⑥ 张岱年主编：《戴震全书（六）：绪言卷下》，黄山书社1995年版，第137页。
⑦ 同上书，第128页。
⑧ 张岱年主编：《戴震全书（六）：孟子字义疏证卷下》，黄山书社1995年版，第195页。

以血气心知为人性之实体，依据孟子的"人无有不善"说，分析了血气心知和道德行为的关系，论证了人性择善，即以血气心知为道德行为基础，驳斥了理学人欲为恶说。

戴震认为情欲源于血气，所以称其为"性"。情欲之所以为人的本性，是因为其功能是向外界吸取养料，滋补血气，以维持人的生命。正所谓"声色臭味之欲，资以养其生"①。戴震进一步论证了道家学说的无欲说同老、释的无欲说是一致的，都是要断绝人的情欲之感，使人不得生养之道，残害人的生命，违反人的本性。进而提出，欲望的满足出于生命的需要，欲望自身并无过错，蔽"生于知之失"，与欲无关。在戴震看来，杨朱的"为我"说，道教的"长生久视"说，佛教的"不生不灭"说，都是以个人的生命和灵魂为贵，不关心别人的死活，都是出于自私之心。戴震论证了情欲作为人性的组成部分，由于其根于血气，凭依感官，乃维持生命的手段，故不为恶，反而成为人"有为"的源泉。

戴震认为，一切有血气的动物都有心知，心知使其有怀生畏死之心，在生活中能趋利避害。心知的活动同欲望一样，都是维持生命的手段。心知又称为"精爽"，人同动物的精爽，有明昧之分，但都以血气为基础。可见，能思的"心知""神明"是人与动物、人与人相区别的根据，也是人性择善的根据。他指出："人莫大乎智足以择善也；择善，则心之精爽进于神明，于是乎在。"② "然人之心知，于人伦日用，随在而知恻隐，知羞恶，知恭敬辞让，知是非，端绪可举，此之谓性善。"③ 他认为，人最大的特点就是凭借自身的智慧去辨别是非善恶，进而选择什么是善，这也是人和动物的区别所在。

（三）血气心知是为善的材质

戴震从其自然生化论出发，排除了历史上一切关于人的二本论的思想。他认为"血气心知"即是性体，其实内容就是欲、情、知。所谓"仁义礼智"就是"血气心知"发乎自然而合乎必然的发展。进而言之，生理上的需要以及社会关系中伦理道德的集合、凝结，从而构成了所谓血气心知。它是戴震用以区别人与万物并对人的特殊材质所进行的概括。

---

① 张岱年主编：《戴震全书（六）：孟子字义疏证卷下》，黄山书社1995年版，第195页。
② 张岱年主编：《戴震全书（六）：原善卷中》，黄山书社1995年版，第16页。
③ 张岱年主编：《戴震全书（六）：孟子字义疏证卷中》，黄山书社1995年版，第183页。

戴震认为，人及飞禽走兽等动物区别于花草树木的最根本的东西，其前者形能动而后者形不能动，而凡是形能动者，均属"血气"之类。但是，人成其为人，不仅仅是由于他是有"血气"的动物，还由于有能进入"神明"之境的"心知"，动物则不然，"血气"与"心知"是人类材质不可或缺、不可分割的两方面。所谓人性，也就是"血气心知，性之实体"，不可离它另求一悬空之人性。

戴震认为，人本身具有心知，内化为道德原则。即人知道羞耻与厌恶、同情与怜悯、恭敬与辞让、正确与错误，因而人性是善的。在这里，戴震把心知作为性善的依据。另外，戴震所说的性善，并不是说人的本性是善的，而是说人的本性具有选择"善"的能力。人类通过心知，就能判断其行为得当，即是理义。而心知通晓事情的条理，能使人类生存的欲望得到合理的满足，正如戴震所说："所谓人无有不善，即能知其限而不逾之为善，即血气心知能底于无失之为善。"① "能知其限而不逾"，指心知能有意识地使欲望的满足不越出其轨道，即符合人类生养之道。此种性善论，并不同于孟子。孟子以人生来具有仁义之心为善，认为思维的作用是"求其放心"，但认为耳目感官追求物欲的满足，则要丧失仁义之心。而戴震则以心知能使欲望的满足而无过失为善，是心知指导欲望所结的果实就是仁义之德。戴震还进一步将知划分为两种，一种是耳目之知，是客观事物作用于人的"血气"而形成的，指人的感官对可以直接观察的对象的感知，如人的耳目口鼻等感觉器官对声色嗅味的反映。一种是心知，是对人伦之理的认识。心知是大脑对事物进行分析、归纳而获得的关于理义、是非、美丑等的认识。

总而言之，戴震认为，人的血气心知具备一种天生的认识能力。虽然声音、颜色以及味道是客观事物固有的外在特征，但是当客观事物作用于人的感觉器官时，人的感官就可以进行辨别，并对美好的事物产生愉悦之感。理义、是非同样存在于客观事物之中，但人的心知可以对事物进行分析、归纳，从而获得理义，而其"至是"者，同样能使人产生愉悦的感觉。戴震的人性论，不是性善论，而是人性择善论。至于人为不善，在戴震看来，既不是由于有欲望，也不是出于有心知，而是由于

---

① 张岱年主编：《戴震全书（六）：孟子字义疏证卷中》，黄山书社 1995 年版，第 194 页。

后天"不扩充其心知而长恶遂非也"①。任何人都具有为善的材质——血气心知，只要尽其才，都可以成为道德高尚的人，此即"人无有不善"。

二　自然进于必然的道德认识

戴震德育心理学思想中另一引人注目之处是他有关道德认识的论述，这可以归结为由自然进于必然或"归于必然，适完其自然"的道德主张。

（一）道德认识的来源

道德认识是人对道德的体认，由于道德内容不同，人的道德认识也就有差异。在这一点上，他激烈反对理学所谓的神秘先验论，而提出自己的主张。"故语道于人，人伦日用为道之实事"②，"人道，人伦日用身之所行皆是也"③，"使舍人伦日用以为道，是求知味于饮食之外矣"④。这就表明道德起源于人伦日用，人的道德意识、道德观念来源于人自身的生活，源自人自身的关系中。日用即日常生活，它是道德的来源，"凡日用事为皆性为之本，而所谓人道也"⑤。但日用与人伦又是必然相连的，"然则人伦日用，固道之实事，行之而得，无非仁也，无非义也；行之而失，犹谓之道，不可也"⑥。人在生活中，通过行而体认道，行而无失才是德，其实际内容就是维系人与人正常关系的仁义礼。相反，生活中那些违背人伦的行为，就是不道德的，并且认为古圣贤所行之道也莫不如此。"古圣贤之所谓道，人伦日用而已矣，于是而求其无失，则仁义礼之名因之而生。非仁义礼有加于道也，于人伦日用行之无失，如是之谓仁，如是之谓义，如是之谓礼而已矣。"⑦　人伦尽管是日用之道，是人道，但它却起源于天地之化，"是故在天为天道；在人，咸根于性而见于日用事为，为人道；仁义之心，原于天地之德者也，是故在人为性之德。斯二

① 张岱年主编：《戴震全书（六）：孟子字义疏证卷中》，黄山书社 1995 年版，第 184 页。
② 张岱年主编：《戴震全书（六）：孟子私淑录卷上》，黄山书社 1995 年版，第 42 页。
③ 张岱年主编：《戴震全书（六）：孟子字义疏证卷下》，黄山书社 1995 年版，第 199 页。
④ 同上书，第 203 页。
⑤ 张岱年主编：《戴震全书（六）：孟子私淑录卷下》，黄山书社 1995 年版，第 56 页。
⑥ 同上书，第 42 页。
⑦ 张岱年主编：《戴震全书（六）：孟子字义疏证卷下》，黄山书社 1995 年版，第 202 页。

者，一也"①。天道与人道、天德与人德本是一回事。这样，戴震不仅将道德归于生活，赋予道德以社会现实性，而且在道德世俗化后，并没有使道德因世俗而堕入庸俗，反而使它因之具有了尊严。所以，他对老庄、释氏以"虚"指理，合人伦日用而别有道；告子贵性而外理义；理学将不以人伦日用为道等各种道德学说都予以严词辩驳。

戴震重新解释了物与理的关系，认为天地万物的生生不息是阴阳五行不断运转，而其实质是"气化流行，生生不息"②，所以万物本体是"气"而非"理"，而"理"乃"天地之常"。理即万物发展的必然规律。就事物而言，理存在于事物内，有物质才有理。他用朴素的唯物主义批驳了理学的唯心主义理论基础。戴震反对理学的先天道德论，提出"有物必有则"的道德观。认为道德起源于"人伦日用"。戴震认为，人伦日用，"其物也"；仁、义、礼，"其则也"。人伦日用是"仁义礼"的物质基础。他说："使舍人伦日用以为道，是求知味于饮食之外矣。"③ 据此，批判了理学的道德脱离现实生活，高于一切，凌驾、主宰一切的观点，反对以单一的道德标准评判复杂的现实生活。

（二）道德认识的水平

道德认识是人的高级认识，它不同于动物的感知。这一点，戴震阐释得很明白。"夫人之异于物者，人能明于必然，百物之生遂其自然也。"④ 尽管人与物都有感知的能力，但动物的行为受自然的支配，遵循自然而行事，没有道德意义，只是对自然的适应而已。人则不同，人可以由自然进于必然。然而，即使就人自身的认识而言，一生之内也有水平的差异，"耳目鼻口之观，臣道也；心之观，君道也；臣效其能，而君正其可否"⑤。这说明心之官高于自身肌体的感觉，能对感于耳目鼻口的声色嗅味之欲进行恰当判断并选择，使之合于人道。那么，心之官是怎样认识必然的呢？又什么是必然？自然与必然的关系如何？

---

① 张岱年主编：《戴震全书（六）：原善卷上》，黄山书社 1995 年版，第 11 页。

② 张岱年主编：《戴震全书（六）：孟子字义疏证卷中》，黄山书社 1995 年版，第 175 页。

③ 张岱年主编：《戴震全书（六）：孟子字义疏证卷下》，黄山书社 1995 年版，第 203 页。

④ 张岱年主编：《戴震全书（六）：孟子私淑录卷下》，黄山书社 1995 年版，第 73—74 页。

⑤ 张岱年主编：《戴震全书（六）：孟子私淑录卷中》，黄山书社 1995 年版，第 58 页。

　　所谓必然者，"不易之则也"①，"则者，称其纯粹中正之名"②，"就人伦日用，举凡出于身者求其不易之则，斯仁至义尽而合于天。人伦日用，其物也；曰仁、曰义、曰礼，其则也"③。道德源自人伦日用，人伦日用是实体实事之名，而仁义礼就是其中的不易之则，因而也就是必然之理。人学道，就是要认识、掌握日用事务中的必然之理。那么，人怎样认识必然？自然与必然的关系又如何呢？戴震认为："凡有生则有精爽"，但是，"其精爽之限之，虽明昧相远，不出乎怀生畏死者，血气之伦尽然。故人莫大乎智足以择善也；择善，则心之精爽进于神明，于是乎在。"④ 所谓"精爽"，即感性认识，人与物都有精爽，但人之精爽能进于神明，即可以达到理性认识水平。人通过选择善的行为，或使行为符合仁义理等理义之则，人就可以由精爽而进于神明，即可以由感性认识而达到理性认识阶段，从而完成理性的道德选择。"故理义非他，所照所察者之当否也。何以得其当否？心之神明也。人之异于禽兽者，虽同有精爽，而人能进于神明也。"⑤ 不过，他又认为："血气心知，有自具之能：口能辨味，耳能辨声，目能辨色，心能辨夫理义。"⑥ 他把心能辨理义当作心的自具之能。"人但知耳之于声，目之于色，鼻之于臭，口之于味之为性，而不知心之于理义，亦犹耳目鼻口之于声色臭味也。"⑦

　　由于戴震认为心通理义，犹如耳目鼻口之�声色嗅味，是自具之能，"咸根诸性"⑧，所以，他把人对表现为必然的道德的认识看作是件极自然的事。这样一来，一方面，他赋予人以道德理性，认为人有认识必然的可能；但另一方面，又使得这种可能蒙上较强的直觉色彩，使得实现这一可能的路径不甚了了。这一点较之他对自然与必然关系的把握显得稍有逊色。"性之欲，其自然也；性之德，其必然也。自然者，散之见于日用事为；必然者，约之各协于中。知其自然，斯通乎天地之化；知其必

---

① 张岱年主编：《戴震全书（六）：孟子私淑录卷中》，黄山书社1995年版，第58页。

② 张岱年主编：《戴震全书（六）：孟子私淑录卷下》，黄山书社1995年版，第74页。

③ 张岱年主编：《戴震全书（六）：孟子字义疏证卷下》，黄山书社1995年版，第203页。

④ 张岱年主编：《戴震全书（六）：原善卷中》，黄山书社1995年版，第16页。

⑤ 张岱年主编：《戴震全书（六）：绪言卷中》，黄山书社1995年版，第120页。

⑥ 张岱年主编：《戴震全书（六）：孟子字义疏证卷上》，黄山书社1995年版，第155—156页。

⑦ 张岱年主编：《戴震全书（六）：孟子私淑录卷中》，黄山书社1995年版，第56—57页。

⑧ 张岱年主编：《戴震全书（六）：孟子字义疏证卷上》，黄山书社1995年版，第157页。

然，斯通乎天地之德。"① 必然之于自然，就是德与欲的关系，也就是
"遂己之欲亦遂人之欲"，这在戴震的思想中是一以贯之的。"善，其必然
也；性，其自然也；归于必然，适完其自然，此之谓自然之极致，天地
人物之道于是乎尽。"② 必然为自然之极致，实际上，善也就是欲的极致，
仁义礼是日用事为的极致。归结起来，自然之于必然，也就是生活与其
道德的关系。"自然之与必然，非二事也。就其自然，明之尽而无几微之
失焉，是其必然也。如是而后无憾，如是而后安，是乃自然之极则。若
任其自然而流于失，转丧其自然，而非自然也；故归于必然，适完其自
然。"③ 的确，生活与生活的道德不是两件事情，离欲颂德或枉欲失德都
会割裂自然与必然之间鲜活的联系，从而失去生活的美好和社会的美好。

　　尽管戴震在人的道德认识问题上，对人如何由自然进于必然问题的
认识还带有较强的直觉特征或思辨意味，最终也未能给予清晰明了的揭
示，但是，他对人性的乐观态度，对必然的重视，以及对人道德理性能
力的自信，都在一定程度上可以弥补其理论之不足。理清这一点，对戴
震后续研究有重要意义。戴震既不是一个自然人性论者，更不是一个简
单的重欲主义者，他对人道德认识问题的重视以及对自然与必然关系问
题清楚的阐释，皆表明了他的生活道德的立场。由于人的思想是特定历
史条件下的产物，当然，戴震也不例外，所以，他心中的道德必定带有
时代的印迹。

第二节　品德心理论

　　戴震指出道德教育和修养的过程是以"心知"学习道德知识，通过
不断实践逐步提高其道德水平的过程。只有使人的"心知"得到扩充，
使人具备现实的善的品质，才能使人性符合仁义礼智的要求。否则，放
纵情欲，任其自然，则会产生过失，最后丧失其自然本性。这样戴震把
品德的养成置于人性得以完善的关键地位，是决定性因素。他用个体身
体逐渐成熟的过程与品德不断提高的过程加以类比论证。

---

① 张岱年主编：《戴震全书（六）：绪言卷上》，黄山书社 1995 年版，第 103 页。

② 张岱年主编：《戴震全书（六）：孟子字义疏证卷下》，黄山书社 1995 年版，第 201 页。

③ 张岱年主编：《戴震全书（六）：孟子字义疏证卷上》，黄山书社 1995 年版，第 171 页。

> 试以人之形体与人之德性比而论之，形体始乎幼小，终乎长大；德性始乎蒙昧，终乎圣智。其形体之长大也，资于饮食之养，乃长日加益，非复其初；德性资于问学，进而圣智，非复其初明矣。①

因此，戴震指出个体品德的养成与后天的道德教育是密不可分的。虽然每个人都具有认识善的潜质，就这点而言，所有的人都是平等的，但是，最终个体的品德却有好坏之分。戴震通过重新解释"唯上智与下愚不移"，阐明自己的观点。戴震认为，有的人似乎天生的愚顽不化，很难对其进行教诲，知识、品德也总是没有长进，其主要原因在于他不学习、不思上进。但是，如果这样的人遇到能够令他畏惧、使他感动的人，通过启发式教学，循循善诱，终究会使他顿然觉悟，从而决定改过自新。再加上不断学习新知识，他就会逐渐长进。因此，戴震认为，下愚之人是指那些知道"什么是善"而不作为，知道"什么是不善"却为之的人。没有天生愚顽不化的人，只是还没有遇到合适的老师。因此，每个人都是可教而为善的。

一 欲不可灭的道德动机

程朱理学伦理学的核心是"天理""人欲"问题，也是其人性论的进一步展开，将理欲二元分立，并从主体意识的角度赋予理欲以善恶、正邪内涵，从而进一步得出了"存天理，灭人欲"的道德内涵，这也是程朱理学的最典型的命题。然而，这个命题却带来了恶劣的后果，戴震对此评价说："虽视人之饥寒号呼，男女哀怨，以于垂死冀生，无非人欲，空指一绝情欲之感者为天理之本然，存之于心，及其应事，幸而偶中，非曲体事情，求如此以安之也；不幸而事情未明，执其意见，方自信天理非人欲，而小之一人受其祸，大之天下国家受其祸，徒以不出于欲，遂莫之或寤也。"② 戴震对程朱理学提出了不赞同。戴震指出了，理欲不同于正邪、善恶，他明确地区分了主体道德动机和客观事实。并且在批判程朱理学"存天理，灭人欲"的基础上重新解释了理、欲的内涵及其

---

① 张岱年主编：《戴震全书（六）：孟子字义疏证卷上》，黄山书社 1995 年版，第 167 页。
② 张岱年主编：《戴震全书（六）：孟子字义疏证卷下》，黄山书社 1995 年版，第 201 页。

相互关系。戴震认为，欲是人和社会的存在及发展基础，包括情、欲、知；理是欲本身的理则和调节机制，包括仁、义、礼；理处于欲，并用以完善欲，二者是自然与必然的关系。这是戴震新的道德理想主义。

（一）理是一种道德原则

"理"本训为治玉，治玉必循玉之条例而治之，所以"理"又训为文理、条理，广而引之为左物之理则，在《荀子·正名》中有论述："形体色理，以目异。"这个意义上的理是作为一个哲学范畴，在《韩非子》中有较多的论述。如《韩非子解老》篇："理者，成物之文也。……物有理，不可以相薄，故理之为物之制，万物各异理。万物各异理而道尽稽万物之理，故不得不化。"另外，《礼记·乐记》提出的"天理"范畴，是一种与人性相连的道德原则，具有普遍性与超越性。程朱理学对"天理"的论述又上升到了一个更高的范畴，在这里，它已经超出了传统的范围，而成为一个具有根源性、总体性、行上性的本体概念。①

戴震对"理"提出了不同的见解。由于戴震从事过文字考证的工作，所以他对"理"作了字义上的还原。戴震指出："理者，察之而几微必区以别之名也，是故谓之分理；在物之质，曰肌理，曰腠理，曰文理；得其分则有条而不紊，谓之条理。""古人曰理解者，即寻其理而析之也；曰天理者，如庄周言依乎天理，即所谓彼节者有间也。"② 而戴震对"理"解说，目的也在于对理欲对立说的批判和反对，以使欲获得一个应有的地位。戴震认为"天理"本身就是人欲的合乎情理者，他强调，不是理决定情欲，而是情欲决定理欲，理是情之分理，是对"我"与"人"之情欲加以区分协调所产生的必然的准则。他所认为的理是建构在人的情感欲望之中，是为了满足物质生活的欲望而维持人类生产的法则，并且主张以情挈情，自然情欲之适当满足为"理"。他认为"人欲"和"天理"是不可分割的。戴震从自然的层面、社会的层面把"理"还原到万事万物中、人伦日用之中以及血气心知之中。他的"理"观是在对程朱理学"存理灭欲"说批判的基础上得出的。

（二）欲是道德本性的基本内容

欲，在《说文》中解释说："欲，贪欲也。"是指生物体所具有的个

---

① 崔大华：《儒学引论》，人民出版社 2001 年版，第 511 页。

② 张岱年主编：《戴震全书（六）：孟子字义疏证卷上》，黄山书社 1995 年版，第 151 页。

体保存和种族保存的本能，泛指人的一切生理和物质欲望，有"饮食男女"之说。《礼记·礼运》说："饮食男女，人之大欲存焉；死亡贫苦，人之大恶存焉。故欲恶者，心之大端也。"这是对欲予以充分的重视，但是程朱理学却夸大了社会规范与人之情欲之间的不和谐的关系，强调用社会规范来对人的情欲进行限制，压抑否定情欲的需要。

　　戴震从以下几个方面来展开说明。第一，情欲的基本内涵是人的自然生理欲望，这与马斯洛需要层次理论的最低层次是一致的。与理学以道德来规定人性不同的是，戴震把人还原为一个生物人，基本规定是"血气心知：人之血气心知本乎阴阳五行者，性也"。[1] 其中心知是指人的知觉，而血气则表现为人的情欲需要："欲根于血气，故曰性也。"[2] 戴震不仅明确肯定"欲"是人性的基本内容，而且它还是人的生存和发展基础。他说："人之血气心知，原于天地之化者也。有血气，则所资以养其血气者，声、色、臭、味也。……孟子之所谓性，即口之于味、目之于色、耳之于声、鼻之于臭、四肢于安佚之为性。"[3] 人由满足基本生存的需求进而要求享受，就有声色嗅味之欲，即需要居处饮食，这是比道德更为根本的人的本性。第二，由人的生理欲望扩展为人伦日用，这就是人类社会生活即"人道"的基本内容。"人道，人伦日用身之所行皆是也。……在人物，则凡生生所有事……是谓道。……《中庸》曰：'天命之谓性，率性之谓道。'言日用事为，皆由性起，无非本于天道然也。《中庸》又曰：'君臣也，父子也，夫妇也，昆弟也，朋友之交也，五者，天下之达道也。'言身之所行，举凡日用事为，其大经不出于五者也。""道者也，居处、饮食、言动，自身而周于身之所亲，无不该焉也，故曰'修身以道'。"[4]　"'民之质也，日用饮食'，无非人道所以生生者。"[5]"人伦日用，皆血气心知所有事。"[6] 社会人伦皆源于人的感性需要。第

---

① 张岱年主编：《戴震全书（六）：孟子字义疏证卷上》，黄山书社 1995 年版，第 159 页。

② 张岱年主编：《戴震全书（六）：孟子字义疏证卷中》，黄山书社 1995 年版，第 193 页。

③ 张岱年主编：《戴震全书（六）：孟子字义疏证卷中》，黄山书社 1995 年版，第 193—194 页。

④ 张岱年主编：《戴震全书（六）：孟子字义疏证卷下》，黄山书社 1995 年版，第 199—200 页。

⑤ 同上书，第 205 页。

⑥ 同上书，第 208 页。

三，人类满足欲望的共同要求是道德产生的根基。"人之生也，莫病于无以遂其生。欲遂其生，亦遂人之生，仁也；欲遂其生，至于戕人之生而不顾者，不仁也。不仁，实始于欲遂其生之心；使其无此欲，必无不仁矣。然使其无此欲，则于天下之人，生道穷促，亦将漠然视之。"① 第四，欲是人类活动和发展的出发点，是人类活动的动机。"天下必无舍生养之道而得存者，凡事为皆有于欲，无欲则无为矣；有欲而后有为，有为而归于至当不可易之谓理；无欲无为又焉有理！"② 由此可知，欲并不是理学所说的乃是恶的来源，不应该被否定。相反，欲是人伦产生的基础。

（三）理与欲是自然之必然

宋儒理欲相分，以理欲之界为君子小人之界，有言："不出于理则出于欲，不出于欲则出于理"③，把理和欲一分为二，并且对立起来。但是戴震认为："是理者存乎欲者也。"④ 离开了人欲，就无所谓"天理"。戴震认为："宋以来之言理也，其说为'不出于理则出于欲，不出于欲则出于理'，故辨乎理欲之界，以为君子小人于此焉分。今以情之不爽失为理，是理者存乎欲者也，然则无欲亦非欤？"⑤

戴震反对程朱把人性分为"义理（天理）之性"和"气质之性"，认为这是人性二元论。他认为"性"不是二分的，而是一元的。他还说："'民之质矣，日用饮食'，自古及今，以为道之经也。"⑥ 在人类生活中，最基本的生理需求，从古到今就是人道的规律。在《原善》中他说："饮食男女，生养之道也。"⑦ 他把人的情欲看作自然而然的本能欲望，认为从人的本性而出的好利恶害之欲，怀生畏死之情、饮食男女等需求。戴震认为欲不可灭。他还认为，人对于物质欲望满足的追求是人类生生不息，积极有为的基础。戴震不仅认为"欲"是人们的"生养之道"，而且认为它也是人类社会和人们事业发展的动力。

---

① 张岱年主编：《戴震全书（六）：孟子字义疏证卷上》，黄山书社 1995 年版，第 159—160 页。

② 张岱年主编：《戴震全书（六）：孟子字义疏证卷下》，黄山书社 1995 年版，第 216 页。

③ 张岱年主编：《戴震全书（六）：孟子字义疏证卷上》，黄山书社 1995 年版，第 159 页。

④ 同上。

⑤ 同上。

⑥ 同上书，第 158 页。

⑦ 张岱年主编：《戴震全书（六）：原善卷中》，黄山书社 1995 年版，第 27 页。

"性，譬则水也；欲，譬则水之流也；节而不过，则为依乎天理，为相生养之道，譬则水由地中行也；穷人欲而至于有悖逆诈伪之心，有淫佚作乱之事，譬则洪水横流，泛滥于中国也。……恶泛滥而塞其流，其立说之工者且直绝其源，是遏欲无欲之喻也。"① 戴震以性比作水，以欲比作流，说明对欲望节制而不过分，就是合乎天理，就是人们相生养之道，如同水在田中流行一样；如果过分放纵欲望以致产生悖逆诈伪之心，干出淫佚作乱之事，这如同洪水泛滥一样，为害全国。② 戴震以性欲于水流之喻，说明节欲与无欲的不同，批判程朱绝源塞流的遏欲无欲的观点，强调正当欲望的必要性和合理性。戴震进一步论述了理与欲的关系："天理者，节其欲而不穷人欲也。"③ 天下人做到对欲望的自我节制，合理的欲望得到满足，就是合乎"天理"。可见，理是以欲为基础的，没有欲的满足，就没有理的体现。

戴震还反对程朱理学将"欲"和"私""邪"等同："是故圣贤之道，无私而非无欲；老、庄、释氏，无欲而非无私；彼以无欲成其自私者也；此以无私通天下之情，遂天下之欲者也。"④ 戴震以疏解古经的方式，把人欲重新加以梳理，分析了欲的来源和特质。把人的本性建立在人的感性欲望的基础上，与理学家把人性建立在道德本位之上划清了界限。戴震认为，欲是自然，理是必然。自然中蕴含必然，必然则是自然的合理满足。理是自然中产生的必然之则，必然来源于自然。必然之则生于自然之事，两者是一致的。同时，由于理是自然归于必然的产物，所以它还具有防止自然流失，从而完善自然的价值。

二　欲情才知一体的道德心理

（一）"欲"是一种道德需要

戴震从人的自然需要即"欲"出发来论证人的道德与道德教育。"人与物同有欲，欲也者，性之事也；人与物同有觉，觉也者，性之能也。"⑤

---

①　张岱年主编：《戴震全书（六）：孟子字义疏证卷上》，黄山书社 1995 年版，第 162 页。
②　张锡生主编：《中国德育思想史》，江苏教育出版社 1993 年版，第 527 页。
③　张岱年主编：《戴震全书（六）：孟子字义疏证卷上》，黄山书社 1995 年版，第 162 页。
④　张岱年主编：《戴震全书（六）：孟子字义疏证卷下》，黄山书社 1995 年版，第 211 页。
⑤　张岱年主编：《戴震全书（六）：原善卷上》，黄山书社 1995 年版，第 9 页。

"性之欲，其自然之符也"①，欲是人性中自然之事，即所谓"性之事"。但是，欲对人的行为有着重要作用，是人行为的推动力。对此，戴震从正面给予了肯定。"凡事为皆有于欲，无欲则无为矣；有欲而后有为，有为而归于至当不可易之谓理；无欲无为又焉有理！"② 他反对脱离人的生养而高谈道德，并且认为"是故去生养之道者，贼道者也"③。然而，他所说的欲，不是只满足一己需要的私欲，而是从人与人的关系方面力图赋予人的欲望以新的意义。因此，他扬欲却并不纵欲。"遂己之欲，亦思遂人之欲，而仁不可胜用矣；快己之欲，忘人之欲，则私而不仁。"④ 心中有欲而又仁在心中，就能思"快己之欲亦快人之欲"，这就不是一己之欲，而是与道德联系在一起了，并且发展上升为人的道德需要。他说："欲不失之私，则仁；觉不失之蔽，则智；仁且智，非有所加于事能也，性之德也。"⑤ 在他看来，不失一己之私的欲，就可以与德相称，并且"私"与"蔽"并不是人性中本来就有的，相反，"仁"与"智"却是人性本有之德，非额外所加。可见，作为人与物同有之欲，人的欲不仅仅是生物的本能，而且还是一种道德需要。

（二）"情"是一种道德情感

尽管欲是人成德的基础，但他却清楚地认识到，欲若失之为私，就会成为人类社会之大患，从而危害社会道德。那么，怎样才能不使欲失之为私呢？人之为私，既有外在的诱因，也有内在的不足。他说："欲遂其生，亦遂人之生，仁也；欲遂其生，至于戕人之生而不顾者，不仁也。"⑥ 所谓遂己之生亦遂人之生，用现代心理学的术语来说，即是"移情"，它不仅是一种认识能力，更是一种能够推己及人的情感。推己及人是人重要的情感能力，当它与人的行为相联系并能推动行为前进时，就会具有道德的意义。当人受各种需要的驱动而行为时，缺乏此种情感能力，欲就有可能会失之于私。因此，戴震强调"凡有所施于人，反躬而静思之：人以此施于我，能受之乎？凡有所责于人，反躬而静思之：人

---

① 张岱年主编：《戴震全书（六）：原善卷上》，黄山书社 1995 年版，第 11 页。
② 张岱年主编：《戴震全书（六）：孟子字义疏证卷下》，黄山书社 1995 年版，第 216 页。
③ 张岱年主编：《戴震全书（六）：原善卷上》，黄山书社 1995 年版，第 27 页。
④ 同上。
⑤ 同上书，第 9 页。
⑥ 张岱年主编：《戴震全书（六）：孟子字义疏证卷上》，黄山书社 1995 年版，第 159 页。

以此责于我，能尽之乎？以我絜之人，则理明"①。一个人在有所施、有所受之时，能够推己及人，反躬静思，他就能够在思想上超越自己，于心理悦纳他人，此时，一己之需就可以突破自我狭小的天地而能够光照他人，此即"以我絜之人，则理明"。显然，戴震发觉了人的情感的独特性与巨大作用。人是一种存在，其需要与各种欲望所体现的不仅仅是与自然的关系，更为重要的是由此推动并生成了表现为"理"的人与人之间的关系法则，人就是这种理的对象物。在这里，尽管戴震还未能完全从人的本质规定性的高度来论述人的道德需要与道德情感间的关系，但他已明显地意识到人的存在不仅是生物的冲动、而且还要以理制欲，以情导欲。所以，他要求人们在欲己之所欲的同时，也要思人之所欲，之所感，要善于"反躬而静思"。他进一步认为："天理云者，言乎自然之分理也。自然之分理，以我之情絜人之情，而无不得其平是也。"② 至此，戴震心中的人已基本离弃了枉欲的形象，而上升为能够明理絜情的富有道德感的人。

（三）"知"是一种道德认识

人能絜情即能明理，这是戴震于道德教育很为朴素的心理学观。而人要能够以情絜情则需要经常的反躬静思，不断地推己及人。反躬也即"思"，思是人重要的认识活动。关于人性中"知"的方面，戴震的认识充满着辩证。一方面，他认为"人生而后有欲，有情，有知，三者，血气心知之自然也"③。也就是说，"知"也同人的欲与情一样，是人性的自然构成。但是，它又与情欲发于身不同，"知生于心"④。心虽然具有"知"的属性和功能，但它自身却无以知，知的功能的实现是与外部世界相接触的结果："心之精爽以知，知由是进乎神明，则事至而心应之者，胥事至而以道义应。"⑤ 承认知的功能的实现有待于外物的作用，这使得他的德育心理学思想摆脱了唯心的局限，具有唯物主义的积极意义。从而，也使得人的知具有获得事物必然性的可能。他说："今谓心之精爽，

---

① 张岱年主编：《戴震全书（六）：孟子字义疏证卷上》，黄山书社1995年版，第152页。
② 同上。
③ 张岱年主编：《戴震全书（六）：孟子字义疏证卷下》，黄山书社1995年版，第195页。
④ 张岱年主编：《戴震全书（六）：孟子字义疏证卷上》，黄山书社1995年版，第160页。
⑤ 张岱年主编：《戴震全书（六）：原善卷中》，黄山书社1995年版，第15页。

学以扩充之，进于神明，则于事靡不得理。"① "心之神明，于事物咸足以知其不易之则。"② 另一方面，他所说的知，除了作为人心理的基本构成外，更重要的还在于它是一种道德之知，即是一种道德认识，借此可以辨别是非美丑。"辨于知者，美丑是非也"③，"美恶是非之知，思而通于天地鬼神"④。人若无此之知，就会出现因"知之失"而蔽的现象，就无法由思而明理。因此，他对道德之知则更为注重。"惟人之知，小之能尽美丑之极致，大之能尽是非之极致。然后遂己之欲者，广之能遂人之欲；达己之情者，广之能达人之情。道德之盛，使人之欲无不遂，人之情无不达，斯已矣。"⑤ 人正是有了这样的知，人的情、欲才可以脱离丑而达于美，明于是而远离非。由此，情与欲皆获得道德性而具有了人的尊严和价值，这样的情与欲发荣滋长，道德也就可以臻至极盛。

（四）"才"是一种道德素质

知统情欲，三者互为一体，人才能适全其身，道德方能兴盛。而这样的人可通过"才"来体现。"才者，人与百物各如其性以为形质"⑥，"以人物譬之器，才则其器之质也"⑦，"成是性，斯为是才"⑧，"才质者，性之所呈也"⑨，由这些论述可见，戴震所说的"才"其含义即是"质"或"质料"，正如他所说"冶金以为器，则其器金也；冶锡以为器，则其器锡也"⑩。人有异于物，人的才当然就是人之为人所特有的质，这种质就是人的素质。人的才是有差异的，"一如乎所治之金锡，一类之中又复不同如是矣"⑪。人因才质不同，于德也有异，"人之材质不同，德亦因而殊科"⑫。不过，戴震认为人性既可知善，故才亦美。"人之性善，故才亦

---

① 张岱年主编：《戴震全书（六）：孟子字义疏证卷上》，黄山书社 1995 年版，第 157 页。
② 同上。
③ 张岱年主编：《戴震全书（六）：孟子字义疏证卷下》，黄山书社 1995 年版，第 195 页。
④ 张岱年主编：《戴震全书（六）：孟子私淑录卷中》，黄山书社 1995 年版，第 56 页。
⑤ 张岱年主编：《戴震全书（六）：孟子字义疏证卷下》，黄山书社 1995 年版，第 195 页。
⑥ 同上。
⑦ 同上。
⑧ 同上书，第 196 页。
⑨ 同上书，第 195 页。
⑩ 同上。
⑪ 同上。
⑫ 张岱年主编：《戴震全书（六）：原善卷下》，黄山书社 1995 年版，第 28 页。

美，其往往不美，未有非陷溺其心使然。"① 而才之所以不美，并不是才本身的问题。他说："才可以始美而终于不美，由才失其才也。"② 他还以玉器作比，认为"才虽美，譬之良玉，成器而宝之，气泽日亲，久能发其光，可宝加乎其前矣；剥之蚀之，委弃不惜，久且伤坏无色，可宝减乎其前矣"③。这些皆在说明，人的材质是否美，不在于才本身，而在于才能否得到其养，即后天的环境与教育能否有利于人的材质的展开，是个体进德修善的关键。这就从理论上论证了人性之中的情欲并不是理学家所谓的私和恶，私与恶不是人的本性使然，而是教育与社会环境不良影响的结果。

戴震以才呈性，以知统情欲的思想为道德教育提供了较为系统的心理学理论基础。在此基础上，他细致阐发了他的道德认识观、道德教育观以及自我修养观。

第三节　品德价值论

戴震的德育心理学思想是其整个教育思想的重要组成部分。尽管他也如历史上的任何一个教育家、思想家那样，其思想无法彻底摆脱时代的局限，但他在道德教育方面的心理学主张有不少是合理的，于今天的道德教育仍有重要的意义与价值。

一　强恕重学的道德教育

中国传统哲学心理学的知行问题在戴震的德育心理学思想中获得了新的意义，这表现在他强恕重学的道德教育观上。他从道德教育造就能自为的君子的目标出发，认为"君子之教也，以天下之大共，正人之所自为；性之事能，合之则中正，违之则邪僻；以天地之常，俾人咸知由其常也"④。道德教育要造就能自为的君子，性之事能就要合而不违，这样的人才有仁智等中正之德，才能达于善界。反之，就会以欲戕生，蔽

---

① 张岱年主编：《戴震全书（六）：孟子字义疏证卷下》，黄山书社1995年版，第198页。
② 同上。
③ 同上。
④ 张岱年主编：《戴震全书（六）：原善卷上》，黄山书社1995年版，第9页。

而不明，违于中正。以天地之常教之，使得人人知而不违，目标可就。所谓常，"言乎必然之谓常"①，它是教育的根本，此谓"天下之教，一于常"②，并且认为"圣人之教，使人明于必然"③。由此可见，戴震对道德教育是何等的重视。

（一）"有节于内"决定了人人皆可成为道德人

如何实现"能自为的君子"这一目标？戴震从人自身内在特性方面阐述了这一问题。他认为"人之于圣人也，其才非如物之与人异"④，也就是说人与圣人间的差异，远远没有人与物的差异大。为什么呢？"人之才质，得于天若是其全也"⑤，而且人"有节于内"，可以知天地之中正，而物只是遂其自然，且"无节于内"，不足以致此。（"节"是戴震心理学思想中具有特色的概念，相当于他所谓的"必然"或"善"。）人与圣人一样，其才质都得全于天，并且也都"有节于内"，所以，人通过教育可以成为自为的君子。戴震的这一思想是非常宝贵的，在当时人性分等的社会历史背景下，它从人自身内部着眼回答了人人皆有成为道德人的可能的问题，既在一定程度上矫正了长期以来被扭曲了的圣人形象，也给已势成固结的"上智"与"下愚"教育观以坚定的回应。

（二）"强恕"是成为道德人的前提条件

然而，社会现实却不利于人的才质的发挥，从而阻碍着这一目标的实现。他说："人之不尽其才，患二：曰私，曰蔽。"⑤ 正是由于私而蔽，使得人们"安若固然""不求牖于明"，才导致自暴自弃，从而难以与之言善，而这些又不是才本身有问题。所以，为了使人能尽其才，他提出："去私，莫如强恕；解蔽，莫如学。"⑦ 所谓恕，即以己推人，或"以情絜情"，属于行的方面。尽管在戴震看来，强恕与重学同为重要，但就先后而言，应是知先行后。"苟学不足，则失在知，而行因之谬，虽其心无

① 张岱年主编：《戴震全书（六）：原善卷上》，黄山书社1995年版，第9页。
② 同上。
③ 张岱年主编：《戴震全书（六）：孟子私淑录卷中》，黄山书社1995年版，第60页。
④ 张岱年主编：《戴震全书（六）：原善卷中》，黄山书社1995年版，第18页。
⑤ 同上。
⑥ 张岱年主编：《戴震全书（六）：原善卷下》，黄山书社1995年版，第23页。
⑦ 同上。

弗忠、弗信、弗恕，而害道多矣。"① 虽然人的才质得天独厚，且也有节于内，可以行忠信，而且圣人论行的确也以忠信忠恕为重，但若学不足，知有失，蔽而不明，行事就会有谬。此时，尽管心无不忠不恕，因行之谬，也会有害于道。可见，知是行的前提条件。"圣人之言，无非使人求其至当以见之行；求其至当，即先务于知也。凡去私不求去蔽，重行不先重知，非圣学也。"② 在他看来，圣人所行无非仁义礼，但是，其之所以如此，是由于他们于仁于义于礼已有至当之知，然后见之于事，才体现为善德善行。他希望人们从圣人之教中获取教益，务必知而后行，甚至认为"重行不先重知，非圣学也"。如此突出强调"学"，这与他的道德教育的目的是分不开的，即通过教育使人明于理义，并且达到如孟子所言那样"心之所同然"。心之所同，才能称为理、称为义。若未至于同然，那就不能称作理、称作义，只是人的意见而已。

（三）"重学"是成为道德人的重要条件

实际上，道德教育要使人在理义上达到"心之所同然"，就要明了学的内在机制。所以，他说："举理，以见心能区分；举义，以见心能裁断。分之，各有其不易之则，名曰理；如斯而宜，名曰义。是故明理者，明其区分也；精者，精其裁断也。不明，往往界于疑似而生惑；不精，往往杂于偏私而害道。"③ 心于理，在于能区分，分而明，就不会有疑惑；心于义在于能裁断，善精断，就不会偏私以害道。既能明理，又能精义，人心于理义就会同然。不惑，不私，于是行而无失。他用圣贤问学的程序进一步强调了自己的主张，"圣贤之学，由博学、审问、慎思、明辨而后笃行，则行者，行其人伦日用之不蔽者也"④。虽然，戴震认为学不足会导致知之失，但他对理学者们的问学方式又极其反对。"诚见穷人欲而流于恶者适足害生，即慕仁义为善，劳于问学，殚思竭虑，亦于生损耗。"⑤ 因此，他所认为的学不是理学家们穷理式的学，认为那样的学与穷人欲同是害生，本质上无异。"而恃人之心知异于禽兽，能不惑乎所

---

① 张岱年主编：《戴震全书（六）：绪言卷中》，黄山书社 1995 年版，第 118 页。

② 张岱年主编：《戴震全书（六）：孟子字义疏证卷下》，黄山书社 1995 年版，第 215 页。

③ 张岱年主编：《戴震全书（六）：孟子字义疏证卷上》，黄山书社 1995 年版，第 153 页。

④ 张岱年主编：《戴震全书（六）：孟子字义疏证卷下》，黄山书社 1995 年版，第 211 页。

⑤ 张岱年主编：《戴震全书（六）：孟子字义疏证卷中》，黄山书社 1995 年版，第 182 页。

行，即为懿德耳。"① "能不惑乎所行"是对学总的要求，其条件就是要能"明理精义"。他曾经对"格物致知"作这样的解释："'格'之云者，于物情有得而无失，思之贯通，不遗毫末，夫然后在己则不惑，施及天下国家则无憾，此之谓'致其知'。"② 可以看出，他对学有着更高的价值诉求。学不仅要解决个人"知之失则蔽"的问题，而且还得达到在己则不惑，施之天下国家而无憾的高度。

尽管知而后明理，但要知而有德，还得落实于行。在他看来"好恶既形，遂己之好恶，忘人之好恶，往往贼人以逞欲；反躬者，以人之逞其欲，思身受之之害也。情得其平，是为好恶之节，是为依乎天理"③。戴震"强恕去私"的道德主张，在继承孔子"己欲立，而立人；己欲达，而达人"以及"己所不欲，勿施于人"这一忠恕思想基础上，有进一步发挥。首先，他高度重视学以解蔽、知以明理的作用，重视知对行的指导功能，是符合人的理性特征的，而且有助于人的自觉能动性的发挥，从而也有效预防了把人尤其一般人降到动物水平的危险。其次，把"体人之情"放到一个很高的高度上，这样就使得人的行为在理性的监控下不至于落入纯粹的知性，而失去人丰富的情感特征。

二　先务于知的智德关系

（一）智是德性的一种

与对理的理解相一致，由于理是外在于主体，而存在于客观之物中的规则，主体只有利用自己的理性才能认识它，所以戴震对"智"十分重视，认为它是智仁勇三种德性中最为重要的一种："言乎其能尽道，莫大于智，而兼及仁，兼及勇。"④ 仁主要是通过情感的挈度以去私，消除利己主义或个人中心主义，但是如果缺乏智的指导，则可能产生差谬。所以戴震说："惟有欲有情而又有知，然后欲得遂也，情得达也。天下之事，使欲之得遂，情之得达，斯己矣。惟人之知，小之能尽美丑之极致，大之能尽是非之极致。然后遂己之欲者，广之能遂人之欲；达己之情者，

①　张岱年主编：《戴震全书（六）：孟子字义疏证卷中》，黄山书社1995年版，第184页。
②　张岱年主编：《戴震全书（六）：原善卷下》，黄山书社1995年版，第27页。
③　张岱年主编：《戴震全书（六）：孟子字义疏证卷上》，黄山书社1995年版，第152页。
④　张岱年主编：《戴震全书（六）：孟子字义疏证卷下》，黄山书社1995年版，第208页。

广之能达人之情。"① 通过"知"的辨别，对事物形成美丑、是非的判断，从而产生"好恶"之情，决定主体的"志虑从违"。

实际上，是否遂人之欲、达人之情，这本身就是一个是非判断，所以说智可"兼及仁"。智也因而在主体的德性结构中居于基础地位。单从智作为主体的理性认知德性来讲，它与仁是有区别的。智是主体认识事物之条理后成就的德性。戴震反对仅从道德动机出发的行为。他说："欲，其物；理，其则也。不出于邪而出于正，犹往往有意见之偏，未能得理。"② 仅仅从良好的动机出发，而缺乏理性的指导，主体把握的就不是理，而是"意见"。依据意见行事，自然"动辄想失"。主体在知识上的缺陷，戴震称之为"蔽"。"蔽"是除"私"之外恶的又一根源，因而他主张去除蔽以达到智。"智也者，言乎其不蔽已。"③

正是在此意义上，戴震反对缺乏理性知识指导的妄行，而强调理性的作用，从而在传统的知行关系问题上产生了新的见解。他认为："凡异说皆主于无欲，不求无蔽；重行，不先重知。人见其笃行也，无欲也，故莫不尊信之。圣贤之学，由博学、审问、慎思、明辨而后笃行，则行者，行其人伦日用之不蔽者也，非如彼之舍人伦日用，以无欲为能笃行也。""圣人之言，无非使人求其至当以见之行；求其至当，即先务于知也。凡去私不求去蔽，重行不先重知，非圣学也。孟子曰：'执中无权，犹执一也。'权，所以别轻重；谓心之明，至于辨察事情而准，故曰权：学至是，一以贯之矣，意见之偏除矣。"④ 戴震在这里所述及的，主要是道德领域的知善与行善、道德认知与道德实践的关系问题。

道德准则的确立要以价值的认定为前提，对何者有价值、何者无价值的判定是一个依据主体需要而产生的道德认识问题，理学从强调人的理性需要出发制定的"存理灭欲"原则调高但不切实，反而造成冥心求理、以无欲为笃行的现象，所以当戴震把价值的重心转向个体感性需要时，原有的规则就失去了合理性，在原有规则指导下的行为相应地也就遭到否定。戴震提出的知行观，首先就是确认人伦日用的价值，而要形

① 张岱年主编：《戴震全书（六）：孟子字义疏证卷下》，黄山书社 1995 年版，第 195 页。
② 张岱年主编：《戴震全书（六）：孟子字义疏证卷上》，黄山书社 1995 年版，第 160 页。
③ 张岱年主编：《戴震全书（六）：孟子字义疏证卷下》，黄山书社 1995 年版，第 209 页。
④ 同上书，第 215 页。

成使这一价值完全得到实现的行为，仅靠消除"私"以端正主体的意识是不够的，还必须以"辨察事情而准"的知识为前提。这里突出了知对行的指导作用，而他之强调要先务于知，求其至当而后见之行的实际目的，乃在于批判动机决定论和在"无欲"观念支配下的"笃行"。

（二）"心"是道德"本心"

智是需要主体后天努力扩充才能成就的德性，其扩充的来源是心知。对"心"的不同理解是除理欲关系外戴震与理学的又一主要区别。孟子开儒家心性哲学之源。在孟子这里，心概念主要有两层含义，其一指思维之心，其二是代表善的道德"本心"或"良心"。此心具备仁义礼智之四德的"善端"，所以说仁义礼智在人们心中。以此为根据，孟子提出"尽其心者，知其性也；知其性，则知天矣。存其心，养其性，所以事天也"① 的修养论，即通过"思之官"的心的参与，体验内心本有之善性，从而其修养功夫表现为一个"反身而诚"的向内体验扩充过程。宋明理学家继承了这一思路。朱熹对"尽心知性知天"一语作注曰："心者，人之神明，所以具众理而应万事者也。性则心之所具之理，而天又理之所从出者也。人有是心，莫非全体，然不穷理，则有所蔽而无以尽乎此心之量。故极其心之全体而无不尽者，必其能穷夫理而无不知者也。既知其理，即其所从出，亦不外是矣。"② 以理具于心为根据，心之"神明"为工具，而体认本心之理为目标。

戴震则展现了与理学完全不同的思路。首先在对心的理解上，他说："夫人之生也，血气心知而已矣。"③ 血气和心知一起构成了人的自然资质，心知是产生于心的知觉能力。此知觉能力也称为"精爽"："心之精爽，有思辄通……是思者，心之能也。精爽有蔽隔不能通之时，及其无蔽隔，无弗通，乃以神明称之。凡血气之属，皆有精爽，其心之精爽，巨细不同。"④ "精爽"是所有动物都具有的知觉能力，而"思"则是人心所特有的理性思维能力，动物之"精爽"有巨细不同，而人则能借助于"思"使自己的"精爽"提升扩充到"神明"之境。戴震正是依据人

---

① （宋）朱熹：《孟子集注卷十三》，齐鲁书社1992年版，第101页。

② 同上。

③ 张岱年主编：《戴震全书（六）：孟子字义疏证卷上》，黄山书社1995年版，第171页。

④ 同上书，第156页。

心能力的可扩充性，而非如理学家以人心先验地具有道德知识来解释人禽之别：人能进于神明。而人心的知觉能力之能够扩充至于"神明"的具体表现，就在于人能认识存在于客观"事情"中的"必然"理则，并用之指导自己的行为，从而摆脱"自然"的生活方式，所以人禽之别又可以表述为："夫人之异于物者，人能明于必然，百物之生各遂其自然也。"①

结合前文对理欲关系的分析，心与理的关系具体就表现为："理义在事情之条分缕析，接于我之心知，能辨之而悦之。"② 人心具有一种可以体察客观事情之"理义"的能力。戴震反对以理为"如有物焉，得于天而具于心"的见解，提出："理义非他，可否之而当，是谓理义。然又非心出一意以可否之也，若心出一意以可否之，何异强制之乎！是故就事物言，非事物之外别有理义也；'有物必有则'，以其则正其物，如是而已矣。就人心言，非别有理以予之而具于心也；心之神明，于事物咸足以知其不易之则，譬有光皆能照，而中理者，乃其光盛，其照不谬也。"③以此为依据，戴震进而对孟子的"性善"说进行了改造。

（三）知识是道德的先决条件

戴震认为有知识的"智"不仅是一种美德，而且是一种最高的美德。戴震认为，"智"作为一种美德，高于其他诸种德行，高于"仁""义""理""信"。有了智，人类才能明辨美与丑、是与非、善与恶，"智"的重要性它在人们认识世界和改造世界的过程中起先决作用。

儒家、道家、法家、兵家以及新儒学的宋明理学家，都认为知识是有害于道德的，因此他们极力推行愚民政策。他们认为，人们一旦拥有了知识，就会有不断增长的物质文化生活的需求，就不会安于现状，在统治者的统治下过着所谓的"安贫乐道"的生活，就不会甘心忍受专制制度的压迫。孔子说："民可使由之，不可使知之。"朱熹则认为天底下只有一个理，这就是代表专制统治秩序的纲常名教的"天理"，他认为不恪守纲常名教的"天理"，就会知识越多越反动。④

---

① 张岱年主编：《戴震全书（六）：孟子字义疏证卷上》，黄山书社1995年版，第169页。
② 同上书，第156页。
③ 同上书，第158页。
④ 许苏民：《戴震与中国文化》，贵州人民出版社2000年版，第140页。

　　知识是道德的先决条件，这是戴震与传统观念的不同之处。他认为，愚昧无知的人是不可能有高尚的道德，只有真正有知识的人才能做到"不惑于所行"，"行而无失"，才是真正具有高尚道德的人；实行愚民政策的社会，人们对知识的贫乏，必将导致这个社会无法形成良好的道德风气，无法发展成为一个良善的社会。只有当这个社会尊重知识、给每一个人学习的机会，让其"增益其不足而进于智"，才能形成良好的道德风气。因此戴震强调，知识先于道德，道德是否缺乏决定于知识是否缺乏，只有"先务于知"，破除愚民政策所造成的人们知识的贫乏，破除愚民政策带来的愚昧，人们才可能做出有道德的行为，才能促使整个社会的道德化。

　　程朱理学所说的"别有一物""得于天而具于心"中的所谓"天理"，本质上乃是借助宗教异化来加强伦理异化，其所造成的乃是人类精神的"他律"，人们自觉恪守带有外在强制性的伦理道德训条，由于宋儒的"天理"是反人性、反人道的，所以统治者才用它来"治人""制人"，而戴震强调知识高于道德。强调人的分辨美丑是非善恶的"智"乃是最高的道德，这是要推到外律的"天理"，而主张人类精神的自律。他在其《孟子字义疏证》中有言："人之血气心知本乎阴阳五行者，性也。如血气资饮食以养，其化也，即为我之血气，非复所饮食之物矣。心知之资于问学，其自得之者亦然。……苟知问学犹饮食，则贵其化，不贵其不化。记问之学，入而不化者也。"[①] 戴震认为，学习的过程，主要靠自己去探求知识的内在含义，去鉴别真理与谬误。他强调，人之"多识前言往行"，读古人的书，要像饮食一样，经过自己的咀嚼和肠胃的消化。书本上的东西只有经过自己的精细选择，然后找到值得学习的东西去慢慢消化，然后吸收，就是取其精华去其糟粕的过程，这种经过自己的思考、鉴别、取舍而获得知识的过程，才是真正的自律过程，以此指导自己的行为，规范自己的行为，才是真正的自律行为。自律体现了作为一个人，其具有道德的真正体现，才算是作为一个人，其道德内化的标准。皮亚杰的道德发展两阶段理论，提出了儿童的道德发展三要经历两个时期：道德他律时期和道德自律时期，这两个时期与认知发展前运算阶段和具体运算阶段基本符合。从皮亚杰的观点，可以看出，人类道德的发展和

---

① 张岱年主编：《戴震全书（六）：孟子字义疏证卷上》，黄山书社1995年版，第159页。

认知发展紧密联系，这与戴震所提出的，道德的自律建立在对知识的理解程度上的理论，有着异曲同工之处。

三　内外相须的道德修养

在道德修养论方面，戴震提出了许多已经摆脱了理学道德修养论的迷误而具有初步启蒙时代特征的见解。

（一）去私解蔽

戴震将"仁"解释为：其一，"生生"之谓"仁"。即"仁"为自然界和人类社会运动和发展的法则。其二，天下人"同欲"之谓"仁"。即"仁"是社会伦理道德。① 戴震的"仁"，是一种"无私"的理想境界，在满足自己的情感欲望的同时，也要使他人情感欲望的要求得到满足。传统理学家把仁和欲对立起来，戴震则认为仁与欲并不对立，相反，仁是欲的基础。如果人生而无欲，不可能去考虑他人情感欲望的要求，更不可能产生仁的德行。但私和欲是不能混同的。② 戴震认为，要达到仁，关键在于去私。"去私莫若强恕。"所谓强恕就是反躬静思，推己及人，以自己的感受去体验别人的感受，以此确定自己的欲望满足是否适度，便可去除私欲。戴震指出仁的核心内容是对人的正当情感欲望的肯定，是对达情遂欲要求的强调。

私，就是在满足自己的欲望的同时而不顾及别人欲望的满足。去私，就是去除私欲。戴震说，去私，"莫如强恕"。换句话说，最好的"去私"方法就是强恕。强恕关键在于反躬静思，待人以礼，推己及人，换位思考，以自己的感受去体验别人的感受，从而确定自己欲望的满足是否过度，这样便可去除私欲而明理。他从道德教育造就能自为的君子的目标出发，认为"君子之教也，以天下之大共正人之所自为；性之事能，合之则中正，违之则邪僻；以天地之常，俾人咸知由其常也"③。这反映了他强重学的道德教育观。在去私方面，戴震主张平情、节欲，要求"以情洁情"，即是"以我之情，洁人之情"，以得其平。④ 以情节欲，去欲

① 周兆茂：《戴震哲学新探》，安徽人民出版社1997年版，第115页。
② 肖永明：《试论戴震道德修养论的启蒙特色》，《西北大学学报》1998年第2期。
③ 张岱年主编：《戴震全书（六）·原善卷上》，黄山书社1995年版，第9页。
④ 毛礼锐、瞿菊农、邵鹤亭编：《中国古代教育史》，人民教育出版社1983年版，第469页。

之私，在当时那个年代，这种想法只能是空想，无法实现。

从道德教育的角度来说，蔽就是道德认识的贫乏。他说"解蔽，莫如学"就是说解蔽的方法是学习思考圣贤之道，知道理解道德的要求。然后把这些知识运用到实践中，就会逐步形成良好的道德品质。戴震提出了"不以人蔽己，不以己自蔽"的标准，认为学习不是为了表现自己而抨击前人也不应依傍前人；不应以先入之见为主，也不私智穿凿附会。①

戴震认为"智"就是"不蔽"，指人们能够正确认识和把握事物之"理""蔽"与"智"是相对立的，人们在道德认识中，把理看作脱离情感欲望而存在的抽象之理。所以"蔽"的实质就是没有能够理解理欲统一的关系。戴震认为"明理"达"智"必不可少的条件就是"去蔽"。为了达到"去蔽"，必先"重知"。戴震认为必须立足于"慎思"，"明辨"才能做到"重知"。而要做到"慎思""明辨"，就须做到"不以人蔽也，不以己蔽也"。

要"去蔽"，除了要"重知"，还必须"重学"。戴震说道："解蔽莫如学"；又说："君子慎习而贵学""人之幼稚，不学则愚。学以养其良，充之至于贤人圣人。"这就是说，"解蔽"最根本的途径就是加强学习。戴震希望通过"去蔽"达到"智"的品德要求，即希望人们在进行道德修养活动时能够注意到正确道德认识的形成，摒弃离开人的感性欲望而谈理的种种偏见。戴震把"去蔽"达"理"看作自己一生追求的崇高历史使命，我们可以看出他孜孜以求的治学精神，而对于正确道德认识的重视，是戴震道德修养论的突出特色。

（二）扩充人性

宋明理学将人性分为天命之性和气质之性，认为天命之性纯粹至善，它先天的存在于人心。而气质之性则有善有恶，它是与生俱来恶的。人们受生之初，天命之性往往为气质之性所污染。因此宋明理学的道德修养正是基于要恢复天理的本来面目而产生的。理学家们认为自家原是天然完全自足之物只是因为理为形气所污染，故学焉以"复其初"②，即去除后天气质之性的影响，恢复本然的，至善的天理之性。因此，宋明理

---

① 毛礼锐、瞿菊农、邵鹤亭编：《中国古代教育史》，人民教育出版社1983年版，第470页。
② 同上书，第467页。

学道德修养往往提倡"存天理，去私欲"。戴震针对理学的道德修养论，从自然气质方面来说明人性。它认为人性是人的自然之性，离开血气心知就无所谓性。而血气心知则包括了嗅味之欲、喜怒哀乐之情、美丑是非之知这三个方面，而血气心知的气质，被戴震视为"人之为人"的本质特征。这就根本否认了宋明理学天命之性、气质之性的划分，同时它认为人的身体由儿童而长大，需要营养。

德性也一样，其开始是处于蒙昧状态，经过不断的发展，进于圣智，根本就不是所谓的"复其初"。正是基于这样的原因，他认为教育是必要的，通过教育、学习，人可以达于圣人。"人之初生，不食则死；人之幼稚，不学则愚。食以养其生，充之使长；学以养其良，充之至于圣人贤人，其故一也。"① 强调教育的重要性，它认为通过教育可以消除人与人之间的差距，这是对教育的充分肯定。戴震所说的扩充人性的方法就是教育，他所说的扩充，不是由内向外，而是内外合一的。戴震说："荀子之重学也，无于内而取于外；孟子之重学也，有于内而资于外。"② 由此可以看出戴震内外合一的教育观点。

（三）塑造榜样

榜样是道德教育过程中比较重要的心理学问题，是道德教育能否取得成效的重要影响因素之一。戴震从正反两方面对此作了论述。他说："圣人亦人也，以尽乎人之理，群共推为圣智。尽乎人之理非他，人伦日用尽乎其必然而已矣。"③ 他认为圣人与一般人的才智都是得天而全的，圣人之所以是圣人，被众人推为圣智，是因为他们尽了人伦日用之必然而不是别的什么原因。也就是说在道德教育过程中，只要了解圣人之所以为圣人的原因，教人学做圣人并不是没有可能的。然而他又说："以无欲然后君子，而小人之为小人也，依然行其贪邪。"④ 戴震认为，日常生活中塑造的道德榜样合理与否，道德榜样是否脱离人们的现实生活，这些都对道德教育产生不同的影响。如果常人通过艰辛的努力仍然难以达到所塑造的道德榜样，那么这不但对道德教育没有好处，反而是有害的。

---

① 张岱年主编：《戴震全书（六）：孟子字义疏证卷下》，黄山书社 1995 年版，第 199 页。

② 毛礼锐、瞿菊农、邵鹤亭编：《中国古代教育史》，人民教育出版社 1983 年版，第 468 页。

③ 张岱年主编：《戴震全书（六）：孟子字义疏证卷上》，黄山书社 1995 年版，第 164 页。

④ 张岱年主编：《戴震全书（六）：孟子字义疏证卷下》，黄山书社 1995 年版，第 216 页。

理学家把无欲的君子作为理想人格的内容和象征，要求人们摒弃一切欲望。然而，他们没有认识到现实生活中这样的君子根本无法生存。把这样的"君子"塑造为道德榜样，当绝大多数人认识到自己无法成为这样的君子时，索性甘当"小人"。当少数人宣称自己是君子时，却把自己的意见强加给他人。在这一点上，与我国古代教育家相比，戴震的思想更加科学、更加完善。

（四）自我修养

品德形成既是一个教育的过程，同时也是一个自我修养不断提高的过程。自古以来的教育家大多对自我修养都非常重视，不但提出了很多富有价值的思想，而且在教育实践中躬行践履，以身垂范。戴震本人就是一个孜孜于学、动静兼修的教育家。在这方面，他也同样留下了弥足珍贵的思想遗产。道德的自我修养涉及诸多方面。

从现实性的角度而言，就是要处理好个人需要同他人需要以及社会需要间的关系，也就是"己欲"与"他欲"之间的关系。就戴震的道德教育思想来说，他有关"欲"的言论非常丰富，前面也提及很多。关于"欲"的价值、意义，以及个人如何对待，戴震认为"人有欲，易失之盈；盈，斯悖乎天德之中正矣"。他在明确反对离欲言理的同时，也告诫人们勿"欲而盈"，而要"心达于德，秉中正，欲勿失之盈以夺之"。① 这就要求人们要加强自我修养，合理对待自身的欲求，使之合乎德的规范，不因欲而失德。他在《答彭进士允初书》中进一步明确了这方面修养的要求，"欲，不患其不及，而患其过……情之当也，患其不及而亦勿使之过；未当也，不惟息其过而务自醒以救其失"。② 他要求人们将个人的情欲控制在一定程度内，即欲而不过，情无不及，做到不以私欲溺行害仁义，情违中节伤天理。而要做到这一点，他特别重视"务自醒以救其失"。所谓"自醒"，即主动进行道德修养。"心得其常，于其有觉，君子以观仁焉；耳目百体得其顺，于其有欲，君子以观仁焉。"③ 人与物皆有"觉"与"欲"，但人的觉与欲是道德生成的基础，君子要以之体察仁德，从而进德修善，以达到"道，谓用其心知之明，行之乎人伦日用而

---

① 张岱年主编：《戴震全书》（六）：原善卷中》，黄山书社1995年版，第20页。
② （清）戴震：《戴震全集：答彭进士允初书》，清华大学出版社1999年版，第221页。
③ 张岱年主编：《戴震全书》（六）：原善卷中》，黄山书社1995年版，第16页。

不失；理，谓虽不见诸行事，湛然存其心而不放"。① 他的这些思想都包含有强烈的主动修养的诉求。尽管人因限于所分成性不同，但修道于人则一。这不但是因为道德来源于生活，而且从根本而言，人的生活就是一种有德性的生活。所以，人与道的关系是一种"不可须臾离"的关系，体现于心则表现为"不放"；体现于行则表现为"不失"，正如他所说"君子不使其身动应或失，故虽无事时，亦如有事之戒慎恐惧而不敢肆，事至庶几少差谬也"②。

　　道德修养是一连续渐进的过程，不可能一蹴而就。无论成效与否，其内在与外在的因素是多方面的。在这方面，戴震的思想，诸如"欲而不盈""学以明道""主动自觉""贵化自得""日进不觉"，等等，皆可以为我们思考今天的道德实践提供有益借鉴与启示。重学是儒家的传统，在自我道德修养过程中，儒家一向重视学的意义与作用。戴震在继承儒家这一传统道德修养途径的基础上，结合自身所处的社会现实情况，将学以通乎圣人的思想加以具体阐发，可以说，这是对儒家传统自我修养思想进一步的发挥。借此，他不仅对道德修养过程中一些曲解或不利于弘扬圣贤之道的做法进行了批评，而且对当时他认为有害于圣贤之道、窒息人们思想的理论思潮予以严厉驳斥。这样，一方面，儒家传统的道德因社会现实需要得到了清晰的释疑；另一方面，也为揭开道德修养神秘的面纱，增进道德修养的现实性与可能性作了可贵且有益的探索。

　　综上所述，戴震的道德修养论是建立在"归于必然，适完其自然"的人性论基础上。针对理学的道德修养论，戴震提出了自己的道德修养论。一方面，戴震否定程朱理学的"性即理"，否定天赋道德伦理，肯定道德伦理是"心知"的扩充。从人的"心知"具有向善的潜能的意义上，他肯定了"性善"。所谓"性善"，戴震并非指传统人性论中先天具备的善德，而仅仅是指人的"心知"能知理知义的善。人的"心知"具有辨别"理义"的潜能，但只有在这种潜能得到了开发后，"心知"才能很好地去辨别。只有使人的"心知"得到扩充，使人具备现实的善的品质，才能使人性符合仁义礼智的要求。否则，放纵情欲，任其自然，则会产生过失，最后丧失其自然本性。这样戴震把品德修养置于人性得以完善

---

① 张岱年主编：《戴震全书（六）：孟子私淑录卷上》，黄山书社 1995 年版，第 43 页。
② 张岱年主编：《戴震全书（六）：孟子私淑录卷中》，黄山书社 1995 年版，第 50 页。

的关键地位，视为决定因素。另一方面，戴震强调道德主体的自觉性和主观能动性。他认为人应该积极主动地进行道德修养，决不能放纵欲望。

第四节　品德心理思想的影响

戴震的品德心理思想将人的欲情才知视为一体，作为对人进行道德教育根本的心理学依据。其道德认识观不仅正确揭示了人的道德认识来源，而且还赋予人道德认识水平以必然的可能，这是对人道德认识发展理论所作出的杰出贡献。他的道德教育观以强恕重学为根本特征，这体现了他作为一名教育家对教育人性化的确切感知与深刻体悟。而他的自我修养观不仅继承了古圣贤的优良传统，而且也明确揭示了自我修养的内在过程，从而使修养至善的可能性普及每个人。在我们今天建设现代精神文明的过程中，戴震理欲观中的合理思想对于我们如何处理道德问题，如何调节、疏导感情欲望，使之处于一种平衡适度的状态，形成健康的人格，仍具有一定的借鉴和启迪意义。

第一，道德规范应建立在关注人们实际利益的基础上，同时应将民众的利益需求植入其道德评价的体系中。在日常生活中人们处理道德问题时，总是自觉不自觉地从义务和权利、公与私的关系中来衡量得失和决定取舍。道德规范是用来调节个体与个体之间或个体与群体之间的关系的，离开这些关系，道德也就无从谈起。存理灭欲，实质上是要求人们只履行道德义务，而忽视人的权利。但人欲是灭不了的，宣扬存理灭欲，其结果只能是窒欲，这势必造成对人的个性的压抑。人的情欲既有可驯服的一面，也有反抗性的一面，被压抑得越久，其反抗性就越强。戴震认为，人欲既不能苴尽，却又拼命在理论上强化，最终只会导致社会的虚伪，使人们极度轻视自身的欲望，只能用空话来表白清高的天理，这是要把普天下之人变成欺瞒虚伪的人，其祸之烈，难以尽数。戴震的这些观点在我们今天看来也是发人深省的。

从现实中存在的种种道德方面的问题来看，其与人们深层的道德心理不无关系，而此种心理与宋明理学之不重视甚至"灭欲"而凸显出的对人的价值的深层忽视密切关联。建立在此种心理及对人的价值深层忽视基础上的道德张扬，也只能是对虚假的群体利益和虚假的道德理性的张扬。由此不仅易对人格的形成产生极其负面的影响，而且往往会导致道德责任感的缺失，使道德实践缺乏内在的动力和深沉的感召力。戴震以"欲"为本的理欲统一观实际上已经注意到了这样的问题，从其"同欲"的主张中我们可以获得应有的启示。比如在主张道德原则时应充分认识其群体利益的根据及深层目的，在道德教育的同时应充分尊重公民个人的合法利益，加倍关注人民的基本生活，尤其是弱势群体的利益。在进行道德评价时，应将民众的利益需求植入其评价的体系当中。这本身对提高人们自觉遵守道德规范的意识是有益的。

　　第二，在道德教育中我们要注意到道德观念的层次性。道德规范是有层次性的。在一个道德规范体系中，有些规范处于底线层次，是基本的道德要求，而有一些规范属于较高层次的道德要求。在一个社会当中，对大多数公民来讲，底线的基本公民道德要求是应该得到大家认同的。在公民道德建设中不能不顾群众的觉悟程度和道德认识的层次性，用先进分子的道德标准要求所有社会成员，而应当把理想信念与公民日常工作生活的实践统一起来，针对不同群体的特点，开展多种形式的道德实践活动，使道德实践活动层次化、多样化。简单说来，倘能做到"以我之情，挈人之情"，则"无不得其平"。

第八章

戴震心理学思想的评价

20 世纪初期，心理学传入我国，与世界心理学的发展趋势相一致，传入我国的心理学同样是德国式的实验心理学。此后近百年的时间里，我国心理学工作者往往重复了或者在方法上模仿了西方心理学家的实验。我国心理学的发展冷落了我国的传统哲学，在心理学的基本理论或基础体系上没有自己的建树。因此"心理学的中国化，要求我们以辩证唯物论作为心理学的方法论的理论基础，要求我们进行中国人心理实验研究有符合中国国情的心理量表和研究方法，要求继承和发扬祖国心理学的优秀遗产，也要求我们学习和借鉴欧美苏俄等外国心理学中一切有益的东西"①。戴震的心理学思想就是根植于中国传统哲学，以人性研究为中心回答了心理学研究的基本问题，为现代心理学的研究与我国古代心理学思想相连接提供了坚实的纽带，从而为实现真正意义上的我国本土心理学的产生与发展奠定了强有力的基础。从中国心理学发展史上看，戴震的心理学思想是对我国心理学发展做出了重要贡献。

第一节　戴震的历史地位

戴震作为我国 13 世纪中叶的著名学术宗师和进步思想家，在对传统经典诠释的基础上建构了其义理之学的思想体系，蕴含了广博而深厚的心理学思想，为中国近现代心理学的启蒙和发展起到了重要的推进作用。戴震不仅因博大精湛的考据思想以及对程朱理学"以理杀人"尖锐批判成为中国古代思想史上最后一位思想大师，而且因其学说中包含着重要

---

① 杨鑫辉：《当代心理学的发展趋势》，《萍乡高等专科学校学报》2000 年第 1 期。

心理学思想，开启了我国古代心理学思想内外重塑、前后传承的学术发展道路。

一 戴学的维护与传承

戴震的成就，主要体现在哲学领域，而在其哲学思想中却蕴含着形式多样、内容丰富的心理学思想，与戴震同时代抑或后继时代的学者多将其思想作为一个整体来进行批判传承，各派学者鉴于自己的思想角色和背景，建构了各自的观点和评判，对戴学的思想精髓褒贬不一。然而多数学者对其思想给予了高度的评价，戴震的历史地位及其学术思想的认同支持者、维护传承者主要有洪榜、凌廷堪、焦循、阮元、黄式三、戴望等人。

洪榜是深得戴学精髓且第一个鼎力表彰戴震义理之学的学者。洪榜认为其论"多前人所未发"，并称赞"先生抱经世之才，其论治以富民为本"。他认为"戴氏所作《孟子字义疏证》，当时读者不能通其义，唯榜以为功不在禹下"[①]。钱大昕也对戴震十分倾服，他称赞戴震为"天下奇才"，并作《戴先生震传》，以表彰戴震之学问与思想。他肯定戴震"讲贯礼经制度名物及推步天象，皆洞彻其原本……由声音、文字以求训诂，由训诂以寻义理，实事求是，不偏主一家"[②]。凌廷堪对戴震的义理之学也是推崇备至，自称"自附于私淑之末"。戴震的治学方法对凌廷堪影响很大，凌廷堪著有《戴东原先生事略状》《礼经释例》《复礼论》等，继承和发展了戴震的义理思想。在《戴东原先生事略状》中，凌廷堪对戴学的地位和价值给予了高度的评价，他说："先生（指戴震）则谓义理不可舍经而空凭胸臆，必求之于古经。……故训明则古经明，古经明则贤人圣人之义理明，而我心之所同然者乃因之而明。义理非他，存乎典章制度者也。……义理不存乎典章制度，势必流入于异学曲说而不自知。"[③]焦循也是一位深受戴震思想影响的著名学者。焦循高度评价戴震说："东原生平所著书，惟《孟子字义疏证》三卷、《原善》三卷最为精善。……其所谓'义理之学可以养心'者，即东原自得之义理，非讲学家《西铭》

---

① 江藩：《国朝汉学师承记》，中华书局1983年版，第58页。
② 张岱年主编：《戴震全书（七）：戴先生震传》，黄山书社1997年版，第12页。
③ 张岱年主编：《戴震全书（七）：戴东原先生事略》，黄山书社1997年版，第18页。

《太极》之义理也。……夫东原，世所共仰之通人也。而其所自得者，惟《孟子字义疏证》《原善》。"① 阮元遵循戴震"以字通词、以词通道"的学术路径，进一步发挥了戴震的自然人性论思想，揭露了理学神化天理，宣扬禁欲主义、蒙昧主义的谬误。

戴震逝世近百年后，又先后有两位戴震义理思想的有力传播者和继承者，一位是黄式三，一位是戴望。学者黄式三著有《申戴氏气说》《申戴氏理说》《申戴氏性说》三篇著名的"申戴三说"。通过"三说"，黄式三将戴震义理之学与程朱理学作了详细比较，通过对具体概念的分析剖解，指出了理学的荒谬之处，肯定了戴震义理之学的思想价值。戴望认为戴震在《孟子字义疏证》中所论述的"理存于欲"思想，就是来源于颜李学派的性理学说"而畅发其旨"②。这是戴望第一次就戴学与颜李学派的渊源关系作了系统比较研究，并指出戴学与颜李学派的关系，为后人研究戴震的义理思想提供了一条十分重要的线索。

二　戴学的发展与复兴

戴震在清代思想、学术史上占有重要地位，这已是今天人所共知的事实。但在清末以前，戴震在人们心目中主要还是考据大师，其地位是学术史上的，而非思想（哲学）史上的。今日戴震在学术、思想上完整地位的确立，与清末学者对他的阐扬密不可分。在这方面，钱穆、侯外庐都认为章太炎有首功。钱穆说："近儒首尊东原者自太炎。"③ 侯外庐也说，章太炎"是近代首先评论戴学的人"④。从时间上看，钱、侯之说颇有道理。从1900年的《学隐》到1902年的《清儒》，章太炎确是近代学者中最早阐发戴震之学的。从现有证据看，真正对戴震之学做出较全面系统的论述与估价，从而推动了戴学复兴的，是继之而起的刘师培。1905年至1907年，刘师培通过《东原学案序》《戴震传》《南北学派不同论》《近儒学术统系论》等一系列专论或通论性著述，系统地阐释了戴震

---

① 张岱年主编：《戴震全书（七）：雕菰楼集（卷七）·申戴》，黄山书社1997年版，第293—294页。

② 张岱年主编：《戴震全书（七）：处士颜先生元》，黄山书社1997年版，第334页。

③ 钱穆：《中国近三百年学术史（下册）》，商务印书馆1997年版，第396页。

④ 侯外庐：《近代中国思想学说史（上册）》，生活书店1947年版，第384页。

之学，使戴学面貌一下子清晰起来，为后人研究戴学开辟了道路。可以说，章太炎有首倡之功，刘师培有完善之力。遗憾的是，现有的中国近代思想、学术史著作基本看不到刘师培在这方面的贡献，仅把目光盯在章太炎身上。在清代学者和学派中，刘师培最推崇的便是戴震和皖派。他自"予束发受书，即服膺东原之训"①，认为戴震之学"探赜索隐，提要钩玄，郑、朱以还，一人而已"②。相对而言，章氏在学术界的影响更大，他看重戴震义理学，使得"戴学在哲学方面始被人所注意"③，所以在戴学走向复兴的进程中，他所起的作用更大一些。此外，王国维清末对戴学的阐发亦颇引人注意。1904年，王国维撰《国朝汉学派戴阮二家之哲学说》，指出戴震之《原善》《孟子字义疏证》，阮元之《性命古训》等，"皆由三代、秦、汉之说以建设其心理学及伦理学。其说之幽远高妙，自不及宋人远甚。然一方复活先秦之古学，一方又加以新解释，此我国最近哲学上唯一有兴味之事，亦唯一可纪之事也"④，可见他对戴震派的义理学并不轻视，甚至肯定为"我国最近哲学上唯一有兴味之事"。这样的看法，对戴学特别是其中的义理学在近代走向复兴，是相当有益的。

　　1924年1月19日，是戴震诞生200周年纪念日，以此为契机所开展的各种活动，使得对戴震的研究达到了高潮，戴学由此渐成显学。在这一事情上，梁启超起了举足轻重的作用。1923年10月10日，梁启超倡议发起"戴东原生日二百年纪念会"，主张在戴氏生日那一天于北京举行"东原学术讲演会"。梁启超不仅自己热心此事，还四处活动，组织力量来操办，并去信邀请当时在上海的新文化运动领袖胡适参加纪念会。胡适于1923年11月13日复函，欣然接受邀请，并于12月开始撰文，为赴会作准备。以梁启超、胡适当时在思想、学术界的地位，他们热衷于推介戴震的思想与学术，自是一呼百应，所以1924年1月19日在北京安徽会馆所举行的戴东原生日二百年纪念讲演会，开得隆重热烈，梁启超、

　　① 刘师培：《东原学案序》，《左庵外集（十七）：刘申叔先生遗书》，江苏古籍出版社1995年版，第1763页。

　　② 同上书，第1823页。

　　③ 侯外庐：《近代中国思想学说史（上册）》，生活书店1947年版，第387页。

　　④ 王国维：《静庵文集：国朝汉学派戴阮二家之哲学说》，辽宁教育出版社1997年版，第95页。

胡适、钱玄同、朱希祖等学界名流出席，梁启超作了讲演。会后，将文章结集为《戴东原二百年生日纪念论文集》出版，梁启超的《戴东原生日二百年纪念会缘起》（作为该书"引子"）以及《戴东原先生传》《戴东原哲学》《戴东原著述纂校书目考》皆收入该书。此次会议影响极大，"当时整个一年期间，报纸副刊与杂志上几乎成为戴学的天下，在'整理国故'的风气之下，戴学最为出风头"①。以这次纪念为象征，标志着戴震研究高潮的到来。此时梁启超对戴震的研究不仅更系统深入，尤其在哲学（义理）领域，而且评价也更高了，将戴氏誉之为"科学界的先驱者""哲学界的革命建设家"。② 胡适也持大体相同的看法，说戴震既是"清代考核之学的第一大师"，又是"朱子以后第一个大思想家、大哲学家"③。此外，蔡元培在写于1923年12月的《五十年来中国之哲学》中，亦肯定戴震的哲学贡献，称《孟子字义疏证》与《原善》两书"颇能改正宋明学者的误处"④。此后，冯友兰、钱穆、侯外庐等均从不同角度对戴震学术、思想予以阐发，虽见解各异，评价不一，但都推动了戴震研究的发展。

总体而言，戴震对理学"以理杀人"的批判，对中国反封建礼教的斗争产生了极其深远的影响，在中国思想史上具有重要的历史地位。近现代的思想家们则把它当作革命的理论武器之一，对它表现了极大的热情。清末章太炎、刘师培等人对戴震及其思想、学术的阐扬，使戴学开始走上复兴之途；进入民国后，以戴震诞生二百年纪念为契机，在梁启超等人的大力倡导与推进下，戴学更加繁盛光大，迄于今日而不衰。

---

① 侯外庐：《近代中国思想学说史（上册）》，生活书店1947年版，第387页。

② 梁启超：《梁启超全集（七）：戴东原生日二百年纪念会缘起》，北京出版社1999年版，第38—39页。

③ 胡适：《戴东原的哲学：戴东原在中国哲学史上的位置》，安徽教育出版社1999年版，第144页。

④ 早在1910年，蔡元培在其著作《中国伦理学史》中，便把戴震作为中国伦理学近代转型的一位最重要的代表人物来研究、论述，认为他在这方面的贡献甚至要超过黄宗羲和俞正燮。可见蔡氏很早就注意到了戴氏的义理学贡献并予以阐发。

第二节　戴震心理学思想的贡献

一　有助于促进中国心理学的人性化

清末民初，从反对封建统治和进行民主革命的需要出发，近现代的思想家和学者更多地关注处于转型时期的戴震思想。他们关注的问题主要是戴震人性论对"存天理，灭人欲"的批判。他们借戴震对理学的激烈反抗，表达对封建专制的反抗及对天下百姓的同情与关怀。一些思想家对戴震伦理思想的人文主义特征作了评价。梁启超在 20世纪 20 年代曾指出："戴震《孟子字义疏证》一书，字字精粹。……综其内容，不外欲以'情感哲学'代'理性哲学'，就此点论之，乃与欧州文艺复兴之思潮之本质绝相类。"[①] 胡适认为，戴震是反抗程朱理学"排斥人欲理教的第一人"，他的学说，"使个人价值提高"[②]。对此周辅成先生也曾明确提出，戴震是一位具有"理性主义"与"人道主义"精神的思想家，"是中国哲学史上具有最鲜明的唯物主义色彩的启蒙思想家"。[③] 在"五四"新文化运动时期，一些激进的思想家以戴震反理学的哲学成果，作为批判儒家传统的思想武器，表达对传统文化的严重不满与抗争，流露出对西方自由民主政治的向往。章太炎是杰出代表之一，认为戴学"规模闳远，执志故可知"。自由主义者胡适之先生是这一时期研究、宣传戴震思想的最得力者。近现代无数的反封建的斗士如康有为、谭嗣同、鲁迅等人都从戴震那里吸取了人本主义的思想养分。

戴震是我国人本主义心理学思想的启蒙者。戴震所处的时代，传统的封建伦理思想依然占据着主流的地位，但当时的社会各种弊端逐渐显现，封建制度日益走向解体，程朱理学中天理和人欲的对立，已经走向极端。"康乾盛世"的表象下已涌动着颠覆理学正统的暗流。基于思想迷茫的历史背景，戴震站在时代的前沿，旗帜鲜明地批判程朱理学为了维

---

① 梁启超：《清代学术概论——儒家哲学》，天津古籍出版社 2003 年版，第 40 页。

② 胡适：《戴东原的哲学》，安徽教育出版社 1999 年版，第 25 页。

③ 周辅成：《戴震——十八世纪中国唯物主义哲学家》，湖北人民出版社 1957 年版，第 1 页。

护封建礼治秩序，剥夺人的自然要求和利益，灭绝人的快乐和幸福，抹杀个体存在的价值。戴震清醒地认识到封建制度下的"人"已越来越成为一种异己的力量。理学仍潜移默化地影响着每一个人的思想和行为，仍具有强大的思想影响力。特别是一些程朱理学的维护者和信仰者，仍以程朱之是非为是非，坚守理学之壁垒，对一切"非议"程朱理学者皆予以本能的抵制和排斥。作为"万物之灵""最为天下贵"的"人"，作为社会构成之三体的"人"，在外在道德规范及封建礼教的束缚重压下，在政治高压、文化专制下，思想言论被禁锢，地位、价值、尊严被剥夺殆尽，无数的青春、生命和纯真的爱情，遭到"理"的摧残和扼杀。因此，他毅然决然地提出"人最为天下贵"，为"万物之灵"，在卫道者"洪水猛兽""亘古未有之异端邪说"等言论的声讨夹缝中高扬着人的价值与尊严，彰显着自由平等博爱的人文主义精神，蕴含着丰富深厚的人本主义心理学思想。

从 20 世纪初我国接受西方科学心理学近百年的时间里，中国心理学家的大部分时间和大部分精力均花费在西方心理学的引进上。从研究方法和研究内容上看，所谓的中国心理学，实质上只是西方心理学的一个部分。在此后的近百年时间里，我国心理学工作者偏重于心理学的科学实验，冷落了博大精深的传统哲学心理思想，在心理学的基本理论或基础体系上没有自己的独特建树。这一困窘需要从心理研究的基本方法和基础理论上加以反思，即从哲学上解答心理研究的对象、人类心理的基本特性等根本性的问题。于是，20 世纪五六十年代之后，世界心理学的发展表现出对科学性质的反叛，人本主义心理学在基础理论及研究的原则上更具有了哲学的性质，心理研究表现出对哲学的回归。如此，心理学更具有民族文化的性质和社会生活的背景。从中国心理学发展史上看，戴震的心理学思想是对我国本土心理学发展阶段的重要补缺。戴震的心理思想，根植于中国传统哲学，将现代心理的研究与中国的传统连接起来，启蒙了真正意义上的中国心理学的产生与发展。戴震以"形神一元"的理论预设，以考据训诂、小学文字为主要手段和形式，通过在自己的研究中大量采纳实证资料并加以分析、论证人性哲学思想，也就在一定程度上把传统的哲学思辨与科学的实证方法理论达到了融会。实质上，这种融会表现着戴震在吸纳儒家思想的基础上，也普遍渗透着以人为本的人文情怀和唯物客观的科学精神，这在有意无意中契合了人本主义心理学的思想精髓。

戴震受儒家思想的影响，他的人性论具有以人为本的色彩。戴震凡说到思维，一定要归结到自然界；凡说到社会，一定要归结到人。戴震指出："人道，人伦日用身之所行皆是也。在天地，则气化流行，生生不息是谓道；在人物，则凡生生所有事，亦如气化之不可已，是谓道。"①这里的"生生所有事"，是指社会生活的一切方面、一切活动。但是，这一切社会生活都是由人的本质、本性所决定和推动。戴震认为"人道"包括居处、饮食、一言行等。"性者，道之实体也"，"性者，分于阴阳五行以为血气心知，品物区以别焉。举凡既生以后所有之事，所具之能，所全之德，咸以是为其本"②。说明人性的本质是社会生活一切准则的物质依据，这体现了人本主义思想。

戴震认为"耳目口鼻之欲"和"理义之心"皆属人的自然本性。"耳之于声，目之于色，鼻之于臭，口之于味之为性"，"心之于理义，亦犹耳目鼻口之于色声臭味也"，"人心之通于理义，与耳目鼻口之通于声色臭味，咸根诸性"③。"血气"是人生存的物质基础。"人之血气心知，原于天地之化者也。有血气，则所资以养其血气者，声色嗅味是也。……即口之于味、目之于色、耳之于声、鼻之于臭、四肢之于安佚之谓性。"④人要生存就会有声、色、嗅、味之"欲"，这是更为根本的人性。在这一原则基础上，饮食起居的行为准则就是社会伦理道德。"饮食，喻人伦日用；知味，喻行之无失；使舍人伦日用以为道，是求知味于饮食之外矣。就人伦日用，举凡出于身者求其不易之则，斯仁至义尽而合于天。人伦日用，其物也；曰仁，曰义，曰礼，其则也。专以人伦日用，举凡出于身者谓之道。"⑤这就更加明确了人为自己的生存和发展而经营的社会生活，是一切伦理道德的物质基础。

戴震的人性论不但注重在事实层面上揭示人禽之别，而且对于人性是人类的本质的规定性有着相当清晰的理论自觉，所谓"举凡品物之性，

---

① 张岱年主编：《戴震全书（六）：孟子字义疏证卷下》，黄山书社 1995 年版，第 199 页。

② 张岱年主编：《戴震全书（六）：孟子字义疏证卷中》，黄山书社 1995 年版，第 179 页。

③ 张岱年主编：《戴震全书（六）：孟子字义疏证卷上》，黄山书社 1995 年版，第 158 页。

④ 张岱年主编：《戴震全书（六）：孟子字义疏证卷中》，黄山书社 1995 年版，第 193 页。

⑤ 张岱年主编：《戴震全书（六）：孟子字义疏证卷下》，黄山书社 1995 年版，第 203 页。

皆就气类别之"①，"性者，血气心知本乎阴阳五行，人物莫不区以别焉是
也"②，"人物以类区分"③，"人物之生，类之殊也；类也者，性之大别
也"④，"人物分于阴阳五行以成性，舍气类，更无性之名"⑤。戴震还指
出："凡有血气者，皆形能动者也。由其成性各殊，故形质各殊，则其形
动而为百体之用者，利用不利用亦殊。"⑥ 人和动物的不同主要是感觉和
思维两个方面。"知觉运动者，人物之生，知觉运动之所以异者，人物之
殊其性。"⑦ 人和其他动物的感觉和反映不同，习性不同。性是区别不同
事物和人与物的类概念，人性则反映了人与物之间得以互相区别的类
本质。

戴震认为理性认知能力是人类的本质，是人与动物之间根本差异的
表现，他说："专言乎血气之伦，不独气类各殊，而知觉亦殊。人之知觉
大远乎物"⑧，"人之心知异于禽兽，能不惑乎所行"⑨，"人之异于禽兽
者，虽同有精爽，而人能进于神明也"⑩，"心之神明，于事物咸足以知其
不易之则"⑪。人的心知具有辨别机能，所以能不为外界所惑。人的心知
还具有发展能力，对事物能从表面现象的感知进展到内部规律的理性把
握。动物则只能限于初级阶段的感觉而无法发展到高级的理性思维。"人
则能扩充其知至于神明，仁义礼智无不全也。仁义礼智非他，心之明之
所止也，知之极其量也。"⑫ 人能发展他的认识能力，达到理性思维的高
度，仁义礼智无不具备。仁、义、礼、智不是别的，而是人的思维活动
达到最高境界，认识能力发挥达到最大限度。因为"可以扩而充之，则
人之性也"。理性思维能力的有无和感知能力的能否扩充、发展，成为人

---

① 张岱年主编：《戴震全书（六）：孟子字义疏证卷中》，黄山书社 1995 年版，第 190 页。
② 同上书，第 183 页。
③ 张岱年主编：《戴震全书（六）：孟子字义疏证卷上》，黄山书社 1995 年版，第 167 页。
④ 张岱年主编：《戴震全书（六）：原善卷中》，黄山书社 1995 年版，第 17 页。
⑤ 张岱年主编：《戴震全书（六）：孟子字义疏证卷中》，黄山书社 1995 年版，第 190 页。
⑥ 同上书，第 183 页。
⑦ 同上。
⑧ 同上书，第 191 页。
⑨ 张岱年主编：《戴震全书（六）：孟子字义疏证卷中》，黄山书社 1995 年版，第 184 页。
⑩ 张岱年主编：《戴震全书（六）：孟子字义疏证卷上》，黄山书社 1995 年版，第 156 页。
⑪ 同上书，第 158 页。
⑫ 张岱年主编：《戴震全书（六）：孟子字义疏证卷中》，黄山书社 1995 年版，第 183 页。

与动物之间的根本差异，反映了人与动物不同的类本质。

戴震依据孟子的"人无有不善"说，以"血气心知"为道德的基础，驳斥了人欲（生命本能）为恶说，论证了人性善。在人性构成问题的探讨上，戴震明确地指出人性构成的实质是人的自然属性与社会属性的统一。

戴震认为"耳目口鼻之欲"和"理义之心"皆属人的自然本性。"人心之通于理义，与耳目鼻口之通于声色臭味，咸根诸性"①，"心之于理义，一同乎血气之于嗜欲，皆性使然耳"②。二者虽同属人性，但各自具有独特功能，各自反映了人性的一个侧面，因而二者不可或缺，都有其存在的充分理由。"血气心知，有自具之能：口能辨味，耳能辨声，目能辨色，心能辨夫理义"③，"心能使耳目鼻口，不能代耳目鼻口之能，彼其能者各自具也，故不能相为"④。其中，"耳目口鼻之欲"出于人身，反映了人的生命本能，维系着人的肉体生命的存在和延续，是人之为人的物质前提与基础。"理义"来源于"心"，而"心知"能够明辨人的欲望和行为是否得当、是否合理。"理则来源于义之心"不能代替人的"耳目口鼻之欲"对人的滋养作用。"生养之道，存乎欲者也"⑤，"凡出于欲，无非以生以养之事"⑥。"耳目口鼻之欲"只是滋养之心，而不能取代"理义之心"明辨是非的能力。

戴震还认为人的社会属性还是其"欲、情、知"三要素的有机统一。戴震以"欲、情、知"为性，亦即不承认"理即性"，从根本上否认程朱的"性即理"。"人生而后有欲、有情、有知，三者，血气心知之自然也。给于欲者，声色臭味也，而因有爱畏；发乎情者，喜怒哀乐也，而因有惨舒；辨于知者，美丑是非也，而因有好恶。"⑦ 戴震认为，"欲、情、知"都是人性的表现。"欲"的要求是声色嗅味；"情"的发动是喜怒哀

---

① 张岱年主编：《戴震全书（六）：孟子字义疏证卷上》，黄山书社1995年版，第157页。

② 同上书，第158页。

③ 张岱年主编：《戴震全书（六）：孟子字义疏证卷上》，黄山书社1995年版，第155—156页。

④ 张岱年主编：《戴震全书（六）：孟子字义疏证卷上》，黄山书社1995年版，第157页。

⑤ 张岱年主编：《戴震全书（六）：原善卷上》，黄山书社1995年版，第10页。

⑥ 张岱年主编：《戴震全书（六）：孟子字义疏证卷上》，黄山书社1995年版，第160页。

⑦ 张岱年主编：《戴震全书（六）：孟子字义疏证卷下》，黄山书社1995年版，第195页。

乐；"知"的辨别是美丑是非。"声色臭味之欲，资以养其生；喜怒哀乐之情，感而接于物；美丑是非之知，极面通于天地鬼神。声色臭味之爱畏以分，五行生克为之也；喜怒哀乐之惨舒以分，时遇顺逆为之也；美丑是非之好恶以分，志虑从违为之也；是皆成性然也。"① 戴震不是把"欲"排斥于人性之外，而是把"欲"直接纳入人性当中。欲也就是"性"的内容之一。情和欲、知一样源于人的肉体组织，是人的自然本性，"人生而后有欲、有情、有知，三者，血气心知之自然也。""喜怒哀乐之情，感而接于物"②。"味也，声也，色也在物。而接于我之血气；理义在事，而接于我之心知"③。不但抽象的情的产生离不开外界事物的刺激，情的不同表现也是由于外界环境引起的，"喜怒哀乐之惨舒以分，时遇顺逆为之也"④。情与欲关系中，欲是第一位的，情生于欲，由于欲的满足与否和满足程度而产生了不同的情，"凡有血气心知于是乎有欲，性之证于欲，声色臭味而爱畏分；既有欲矣。于是乎有情。性之征于情，喜怒哀乐而惨舒分"⑤。情和欲作为人的自然本性共同维系着人的肉体生命，二者的实现，满足与否及实现和满足的程度，构成了人道的完整内容："生养之道，存乎欲者也；感通之道，存乎情者也；二者，自然之符，天下之事举矣"，"合声色臭味之欲，喜怒哀乐之情，而人道备"。情和欲一样，本身虽非恶非邪，但处置不当就易流于为恶。所谓"情之失为偏，偏则乖戾随之矣"，"欲之失为私，私则贪邪随之矣"。所以必须以理性加以节制，使之既"无过"，又"无不及"，也使他人的情欲和自己的情欲一样都能得到满足，即所谓"无私而非无欲"，"通天下之情，遂天下之欲，权之而分理不爽，是谓理"。

戴震还从人的本能欲望、感知能力及道德理性三个层面阐明了人性的社会结构模式，认为三者之间具有内在的统一性。人的本能欲望和感知能力符合最高准则，便是"善"，便是"中正"。所谓"善"，所谓"中正"，并不是如理学家所言是道德本体，而是根源于人的本能欲望和感知能力并由此延伸发展的必然逻辑结果。由于"五行阴阳"是"天地之能事"

① 张岱年主编：《戴震全书（六）：孟子字义疏证卷下》，黄山书社 1995 年版，第 195 页。
② 同上。
③ 张岱年主编：《戴震全书（六）：孟子字义疏证卷上》，黄山书社 1995 年版，第 155 页。
④ 张岱年主编：《戴震全书（六）：孟子字义疏证卷下》，黄山书社 1995 年版，第 195 页。
⑤ 张岱年主编：《戴震全书（六）：原善卷上》，黄山书社 1995 年版，第 10 页。

的基础，若人的本能欲望、感知能力与天地本性相协调，人的行为就完满自如，就会顺应时令而无所违拗；若人的本能欲望、感知能力与天地本性相背离，只顾得"遂己之欲"，就必然会伤害仁义等道德原则。因而戴震提出了要使人性沿着正常的方向发展，要使社会达到和谐稳定的局面，就要做到"体情遂欲""以情絜情""情得其平"，这一思想是戴震从自然人性论向其新伦理思想过渡的重要方面，其具体表现就是戴震在社会伦理、政治领域中阐述的理、欲思想及自然、必然思想。①

戴震对于心理学思想的研究起源于他的人性哲学视野。他对心理学思想的研究并没有初始的计划和研究动机，只是在研究哲学和儒家的伦理道德时，人性论是其思想主流，这样使他的原始研究过程左右逢源，人性哲学心理思想研究登峰造极。我们知道，任何一门人性哲学在阐发一种人生问题时，总要对"人的价值""人生价值"等问题阐明其基本观点和看法。戴震不断钻研甚至终其一生、孜孜以求的孔子的心理学思想，其实也就是要阐明和发掘孔子的儒家人生价值观。正如后来的思想家梁漱溟对"心理学"的研究对象及其与"伦理学"的关系作了这样的诠释："儒家是一个大的伦理学派，孔子所说的许多话都是伦理学上所说的话，这是很明显的。那么，孔子必有他的人类心理学观，而所有他说的许多话都是或隐或显地指着那个而说，或远或近地根据那个而说……然欲返求其所指，恐怕没有一句不说到心理。以当时所说，原无外乎说人的行为——包含语默思感——如何如何，这个便是所谓心理。心理是事实，而伦理是价值判断，自然返求的第一步在其所说事实第二步乃在其所下判断。"②

总之，戴震的人性论弘扬了传统文化中的精华；同时，这种精华与现代科学、民主、自由和新道德的发展又得到了会通和融合。这种融合深深地饱含着现代人本主义心理学思想理论。

二　有助于推动中国心理学的本土化

虽然，19世纪世界科学化的结果是直接导致心理学的自然科学取向，

---

① 王杰：《中国伦理思想研究：戴震义理之学中的人性结构模式》，《伦理学研究》2005年第3期，第25页。

② 梁漱溟：《梁漱溟全集（一）：东西文化及其哲学》，山东人民出版社1989年版，第327页。

或者说已经完全地自然科学化。但是，西方心理学并未能因此完全摆脱哲学的逻辑与视野，哲学依旧是心理研究的基础。美国心理学家 G. A. 金布尔（1984）曾经尖锐地指出，心理学中存在科学主义和人文主义两种文化的分裂。① 在心理学的视野里也产生了一些不和谐的悖论：如果它是人性的就不是科学的，如果它是科学的就不是人性的；它在科学的路上进步越大，它离人性就越远。西方心理学无力解决自己的问题，因为病因不在心理学内部，而在其母体文化之中。因此，心理学必须从与它植根的文化特质中去解释人的心理特质，必须从不同的文化背景中寻找补益，以克服其先天不足，最终成为科学大家庭中平等的一员。

戴震在中国传统哲学的基础上，以考据的实证方法，由批判理学起步，奋力于无尽的人性探索，包罗的思想中，不乏心理学的基本理论和观点，涉及心理学的学科性质、心理的实质及人类心理的基本特征等心理学的基础理论问题。他重新从人性学的角度思考人类心理问题，是对我国心理学思想的重要贡献，并在研究对象及方法论上给心理学研究以重要启示，闪耀着丰富的心理学的思想之光，对我国现代心理学的启蒙和发展具有深远的理论影响和重要的实践价值。

现代心理学发展史上所出现的一些著名心理学家如荣格、马斯洛等，都曾吸取过东方文化的丰富营养。20 世纪 80 年代初，我国著名心理学家潘菽教授就颇有预见地指出："就世界心理学的发展情况看，世界心理学显然已走到要'拐弯'的时候。"② 即必须向其他文化主要是东方文化吸取精华，以改变自己的"贫血"状态。心理学的中国化，是指起源于西方文化的现代心理学通过向中国文化汲取思想精华，从而克服其西方化背景所带来的弊端，走上健康发展的科学之路。换句话说，无论心理学是西方化还是中国化，其最终目的都是要实现心理学的科学化。关于心理学中国化方面的研究，自科学心理学传入中国开始就一直未曾停止过自己前行的脚步。戴震早在 18 世纪中叶就高瞻远瞩地论述人性论思想，提出了"考据训诂、小学文字"的研究方法，阐述了心理学的研究对象既包含人的仁义情欲，也涵盖人的理想人格的教育。客观地说，戴震用传统的哲学心理思想诠释了现代心理学的有关原理，为古老的中国传统

---

① 叶浩生：《西方心理学中两种文化的分裂及其整合》，《心理学报》1999 年第 3 期。

② 潘菽：《潘菽心理学文选》，江苏教育出版社 1987 年版，第 213 页。

文化与现代心理学相融合铺平了道路，形成了我国本土特色的戴震心理学思想体系。

吉林大学的葛鲁嘉教授在《心理文化概要——中西心理学传统跨文化解析》中就提出了一个"大心理学观"，主张抛弃西方心理学的体系，重新构建独立的中国心理学体系。心理学本土化的执着倡导者香港大学杨中芳博士则在论述中国心理学史研究可为本土心理研究提供帮助时，就明确指出："先把中国传统心理学知识体系，不以西方现代心理学为参照点，仅按其内在逻辑加以整理和分析。然后本土学者可以根据这个基础来发展现代中国人的心理知识体系。"[1] 众所周知，中国古代文化本是哲学、伦理学、心理学、美学等多种思想的混合体，难辨你我。而戴震正是凭借他渊博的学识和对中国文化的深刻理解，在儒学的基础上，阐发了自己对心理学思想的独到理解，无论是对后来现代心理学在中国的植入，还是对外来心理学的改造方面，在我国心理学发展史上，戴震都起到了重要的启蒙和借鉴作用。戴震的心理学思想体现了对中国传统心理学思想的继承，但他的心理学思想不是简单地引用或生搬硬套先人的儒家理学，而是力图将中国传统的仁义礼知和人性本真意义巧妙地整合为一体。他从本能现象的视角对人性心理思想做出了全新的阐释，并极力加以推崇，这一点上是与弗洛伊德、麦独孤等人基本一样的。戴震在人类心理研究、哲学心理思想、道德心理思想和考据实证的研究方法等诸多方面都创造性地阐发了自己独到的见解，其理论和方法，对今天"中国化"的心理学研究依旧闪烁着生命的光辉。在我国古代心理学发展的过程中，戴震的着眼点独辟蹊径，研究视野开阔，研究内容符合社会发展的需要。

西方心理学家在描述个人心理活动的动力上，几乎没有摆脱对人类的本能与需要的迷恋。美国早期心理学家吴伟士把心理活动简化为机制和内驱力。内驱力是一种困乏的体验，由困乏产生了紧张、焦虑等不愉快的情绪，需要得到满足，内驱力便降低或消失。弗洛伊德把心理活动的动力解释为性的需求，阿德勒认为心理的动力在于自尊的需要，70 年代有马斯洛的需要层次说，将心理活动的动力理解为个人追求自我实现的需要。虽然这些解释由低级的性欲上升为高级的期望，由个人的欲求

---

[1]　彭彦琴：《中国心理学思想史范畴体系的重建》，《心理学探新》2001 年第 1 期。

扩展为社会的利益，但是，这些解释无一例外地将人的本质理解为追求满足，是物为我有，物为我用。这些观点和思考问题的方式与西方社会的性质、西方人的生活方式及生活目标相一致，不能完全适用于我国特有的历史文化下的人们。正如我国学者杨鑫辉所说，"我国心理学发展的历史证明，凡是照搬的东西，不适应我们国家和社会的实际，就没有发展的生命力。我们要建立本土化之中国人的社会心理与行为科学，以至要有中国特色的心理学体系的这种本土化，是植根于我国社会文化的土壤上，并与心理科学的世界性相辩证统一的本土化"①。因此，我们应该从我国的社会历史文化背景和中国人的人生观、价值观出发来研究中国人自己的心理本质。戴震就是在坚持儒家张扬人的伦理道德的传统主张的同时，又在根本上对欲予以了肯定，并将人性建构在以情欲所体现的自然人的基础之上。他把人看作有情感、有欲望、有生命的感性存在，在此基础上才是道德的存在。他说："舍气禀气质，将以何者谓为人哉？"②"使饮食男女与夫感于物而动者脱然无之，以归于静，归于一，又焉有羞恶，有辞让，有是非？此可以明仁义礼智非他，不过怀生畏死，饮食男女，与夫感于物而动者之皆不可脱然无之，以归于静，归于一，而恃人之心知异于禽兽，能不惑乎所行，即为懿德耳。"③

作为一个具体的、现实的人，就会有感情欲望，如果人在与外物接触过程中不产生任何情欲而归于静，归于无欲，那么就不可能会产生羞恶、辞让、恻隐、是非等道德观念。可见所谓仁义礼智非他，只能是存在于怀生畏死饮食男女等情欲中的仁义礼智。戴震就是立足中国传统的人性哲学，他倡导并追求"天人合一""仁且智"的理想人格，把所谓"人性"看作"形神合一、欲理统一、情欲和谐"的整合体，这些思想都深深扎根在我国民族传统文化的沃土中，是在我国几千年的传统伦理道德的基础上进行新的诠释。他将人的本质理解为宇宙生命的个体展现，倡导平等自由和积极进取的人生。人的内驱力是欲望，是为我，是满足；人的生命力是创造，是施与，是主动表达人生的价值。这样的人性观充

---

① 杨鑫辉：《关于个体社会化的几个问题》，《江西师范大学学报》1992 年第 3 期，第 4 页。

② 张岱年主编：《戴震全书（六）：孟子字义疏证卷中》，黄山书社 1995 年版，第 190 页。

③ 同上书，第 184 页。

分体现出中国人集体主义观念和"仁、智、勇"的理想人格思想，体现出中国人奋发向上，建功立业的传统价值观念。这些传统人性哲学心理思想充分显示出戴震心理学思想的民族特点。

三　有助于确立唯物辩证的心理学观

戴震心理学思想的主要部分，涉及的是心理学的基础理论，如心理学的对象及研究方法、心理的实质、人类心理的基本特征。戴震的学术活动性质，决定了他对心理学的研究的基础性。戴震以中国传统哲学的思维方式，思考了人性哲学的问题，其理论具有基础性，可以称为心理学的哲学或哲学心理学。心理学有一个庞大的体系，但是，心理学的基础却是薄弱的。因此，包括世界范围内的心理研究，常常陷入困境，常常在心理研究的方法上和对象上不能一致。在一个学科的研究遇到阻碍或陷入困境时，人们总是重新地思考这门学科的哲学基础。哲学不会让探索者失望，它总是给他们开拓出科学研究中的一片新天地。戴震对心理实质的探讨，是对儒家思想的批判创新——唯物一元论的心理观即形神观、心物观和人贵论的心理学思想。[①]

戴震认为宇宙的本原是物质的气，这种物质性的气就是阴阳、五行，就是道。他说："《易》曰'一阴一阳之谓道'，《洪范》：'五行：一曰水、二曰火、三曰木、四曰金、五曰土。'行亦道之通称……阴阳五行道之实体也。"[②] 道的实体，就是物质的阴阳五行。他明确指出，"道，指其实体实事之名"[③]，绝不是精神性的东西。他批判了程朱理学"理也者，形而上之道也，生物之本也；气也者，形而下之器也，生物之具也"[④] 的唯心主义观点，认为所谓形上形下都是气化流行的形态。戴震还坚持"理化气中"的唯物主义观点，批判程朱学派"理化气上"的唯心主义。他认为所谓"理"，无非是事物的条理，即事物的规律，不能脱离具体事物而存在，理不是离开具体事物的所谓形而上者，理就在事物之中，"就事物言，非事物之外别有理义也。'有物必有则'，以其则正其物，如是

---

① 高觉敷：《中国心理学史》，人民教育出版社 2005 年版，第 336 页。

② 张岱年主编：《戴震全书（六）：孟子字义疏证卷下》，黄山书社 1995 年版，第 175 页。

③ 同上书，第 200 页。

④ 同上书，第 179 页。

而已矣"①。戴震还认为物质世界是运动变化的，"天地之气化流行不已，生生不息"②，"生生者，化之原；生生而条理者，化之流"③。他把宇宙看成是气化流行的总过程，并把这个运动变化的过程，称为"道"。但在发展观上，戴震认为道是运动变化的，而具体事物（器）却是一成不变的，"器言乎一成而不变"④，"气化生人生物之后，各以类滋生久矣，然类之区别，千古如是也，循其故而已矣"⑤。这又具有形而上学的因素。

戴震人性论中详细论述了自然与必然是两个重要的范畴，这其中包含了丰富的辩证法思想。他认为"自然"的含义包括两个方面，一是指人或物处于一种自然而然的状态；二是指人或物处于一种自由自在的状态。就每一个人而言，人性、人欲都是自然。"性自然也"⑥ 亦即人的好利恶害之欲，怀生畏死之情等都是人欲的自然体现及要求，是与天地间生生不息的宇宙相协调。就社会群体而言，社会中的一切人和物都是自然的体现。戴震对"必然"的解释具有更重要的理论价值。必然就是指事物当然之理，是人的行为准则。戴震指出："归于必然，适全其自然，此之谓自然之极致"⑦。"人之异于物者，人能明于必然，百物之生各遂其自然也。"⑧ "实体实事，罔非自然，而归于必然，天地、人物、事为之理得矣。"⑨ "尽乎人之理非他，人伦日用尽乎其必然而已矣。"⑩ "而必然乃自然之极则。"⑪ "古贤圣所谓仁义礼智不求于所谓欲之外，不离乎血气心知，而后儒以为如有物凑泊附著以为性。"⑫ 这表明"理"不但存在于"欲"之中（理存乎欲），而且还存在于"情"之中（理存乎情）。戴震通过对"必然"和"自然"的论证，详细地阐述了"理"和"欲"的关

---

①　张岱年主编：《戴震全书（六）：孟子字义疏证卷上》，黄山书社1995年版，第158页。

②　张岱年主编：《戴震全书（六）：孟子字义疏证卷下》，黄山书社1995年版，第200页。

③　张岱年主编：《戴震全书（六）：原善卷上》，黄山书社1995年版，第8页。

④　张岱年主编：《戴震全书（六）：孟子字义疏证卷下》，黄山书社1995年版，第176页。

⑤　同上书，第179页。

⑥　张岱年主编：《戴震全书（六）：孟子字义疏证卷中》，黄山书社1995年版，第188页。

⑦　张岱年主编：《戴震全书（六）：孟子字义疏证卷下》，黄山书社1995年版，第201页。

⑧　张岱年主编：《戴震全书（六）：孟子字义疏证卷上》，黄山书社1995年版，第168—169页。

⑨　同上书，第164页。

⑩　同上。

⑪　张岱年主编：《戴震全书（六）：孟子字义疏证卷中》，黄山书社1995年版，第188页。

⑫　同上书，第184页。

系。"必然"不是孤立存在的,它始终与"自然"融合为一体,是人的自然情欲的合理发挥和适当调节。人的"自然"情欲满足的过程,就是"必然"之"理"逐步实现的过程,二者相辅相成、同步发展。

在科学心理学诞生之前,戴震就以考据学的实证研究方法,启示了思考心理的实质及人类心理的特征等问题的研究路径,这间接促进了心理研究科学的复归,有助于强化、加固心理研究的基础,有助于寻求心理研究的新方法,开拓心理研究的新空间,更接近本质地研究人的心理的实质,更加本真地描述人类心理的特征,戴震的心理学思想是我国现代科学心理学的缘起和基础。戴震的心理学思想是站在朴素唯物主义立场的,并且包含了丰富的辩证思想,主要体现在他的哲学心理思想、认知心理思想以及情欲心理思想等层面上。

四　有助于凸显实证特色的研究方法

（一）实证特色研究方法的内容

1. "志存闻道"的治学态度

戴震在他的著作中曾多次提到他的治学目的是"志存闻道""务必闻道""志乎闻道"。关于道,戴震在《孟子字义疏证》卷下中这样诠释:"人道,人伦日用身之所行皆是也。在天地,则如气化流行,生生不息,是谓道;在人物,则凡生生所有事,亦如气化之不可已,是谓道。"① 至于明道,戴震认为:"经之至者,道也。所以明道者,其词也。所以成词者,字也。由字以通其词,由词以通其道。"② "仆自十七岁时,有志闻道,谓非求之六经、孔、孟不得,非从事于字义、制度、名物,无由以通其语言……为之三十余年,灼然知古今治乱之源在是。"③ 这些是戴震治学的切身体会,即通过字与词的把握,循序渐进,才能更好地学习和通晓古圣贤的典籍。戴震平生稽志闻道,为了掌握"明道"的门径,他用了很长时间,深入研究有关学科,才逐渐明白了"圣人之道"。

2. "实事求是"的研究准则

戴震说:"凡仆所以寻求于遗经,惧圣人之绪言暗汶于后世也。然寻

---

① 张岱年主编:《戴震全书（六）:孟子字义疏证卷中》,黄山书社1995年版,第199页。

② （清）戴震:《戴东原集:古经解钩沉序》,中华书局1961年版,第156页。

③ （清）戴震:《戴震全集（一）》,清华大学出版社1991年版,第213页。

求而获，有十分之见，有未至十分之见。所谓十分之见，必征之古而靡不条贯，合诸道而不留余议，巨细必究，本末兼察。若夫依于传闻以拟其是，择于众说以裁其优，出于空言以定其论，据于孤证以信其通，虽溯流可以知源，不目睹渊泉所导；循根可以达杪，不手披枝肄所歧，皆未至十分之见也。以此治经，失不知为不知之意，而徒增一惑，以滋识者之辨之也。先儒如汉郑氏（玄）、宋程子（颐）、张子（载）、朱子（熹），其为书至详博，然犹得失中判。其得者，取义远，资理闳……其失者，即目未睹渊泉所导、手未披枝肄所歧者也。"① 这段话的意思是对于前人的著作和学说，必须破除迷信，独立思考，实事求是地做出评价，不能心存偏见，偏主一家。余廷灿评戴震治学"有一字不准六书，一字解不通贯群经，即无稽者不信，不信者必反复参证而后即安，以故胸中所得，皆破出传注重围，不为歧旁骈枝所惑，而一禀古经，以求归至是"②。有例可证，如《尚书·尧典》"光被四表，格于上下"。《孔传》释"光"为"充"，蔡沈《书集传》释"光"为"显"。一时众家所说不一。戴震不偏信一家，遍阅《尔雅》《说文》《释文》《礼记》等书，从字形、字音、字义等方面反复推求，发现古代"横"与"桄"通用，《戴东原集·与王内翰凤喈书》有记载："'横'转写为'桄'，'桄'误脱为'光'，故'光被四表'即'横被四表'。"戴震主张言必有征，孤证不立，他在《与姚姬传书》中说："若夫依于传闻以拟其是，择于众说以裁其优，出于空言以定其论，据于孤证以信其通……皆未至十分之见也，以此治经，失'不知为不知'之意，而徒增一惑，以滋识者之辨之也。"③

3. "训诂求理"的研究方法

据钱大昕《戴先生震传》记载："（戴震）少从婺源江慎修游，讲贯《礼经》制度名物及推步天象，皆洞彻其原本，既乃研精汉儒传注及《方言》《说文》诸书，由声音、文字以求训诂，由训诂以求寻义理，实事求是，不偏主一家……训诂明古经明，而我心所同然之义理乃因之而明。古圣贤之义礼非他，存乎典章制度者是也。昧者乃歧训诂义理而二之，

①　张岱年主编：《戴震全书（六）：与姚孝廉姬传书》，黄山书社1995年版，第372页。
②　张岱年主编：《戴震全书（七）：戴东原先生事略》，黄山书社1997年版，第23页。
③　张岱年主编：《戴震全书（六）：与姚孝廉姬传书》，黄山书社1995年版，第372页。

是训诂非以明义理，而训诂胡为？"① 戴震提倡义理、考据、辞章并重的观点。考据是指厘清事实，在事实清楚的基础上才能阐明义理，而义理的通晓又须通过简明精练的词句来表述。混沌不清的事实加之晦涩难懂的文字，则义理是无法阐述明确的。戴震向来重视考证，但同时却反对烦琐考证，以避免为考证而考证，使学问陷入误区的泥沼。如戴震在《诗经考》中多次提醒，致力训诂切不可泥其物类，不可因诗附会，不可"缘辞生训"。戴震于此身体力行，《诗经考》一著在考证名物方面就不乏例证。例如，《周南·关雎》篇："关关雎鸠，在河之洲。"戴震按："雎鸠，或谓之鹗，性好峙，所谓鹗立……诗但兴于和鸣，不必泥其物类也。"又如《周南·螽斯》篇："螽斯羽，诜诜兮，宜尔子孙振振兮。"戴震又按："诗兴于螽之众多，不泥其物类也。"戴震重考据，考据之学的特点是重证据，不尚空谈。它要求学者通过对所研究的古籍资料的前后比较，同时与相关的其他书目对校，从而发现问题，并通过从多种史料典籍中获得的证据解决问题，最后得出结论。它强调凡是立论必须得有证据，"无证不信"，如果是推翻前人旧说，就更得有强大的论据论点来支持。戴震所推崇的这一学术研究方法，在当时，戴震在文字训诂、典章制度的订谬辨伪等方面有许多创新和收获，也丰富了考据之学在经学研究上的业绩。而在今天，这种尊重客观事实，讲求有理有据的研究方法依然值得我们借鉴和学习。

4. "博采取长"的研究取向

博采西学之长，融会贯通，推陈出新，卓然有所树立的，自以江永为代表，重视吸收自然科学的知识以及方法，这是戴震治学倾向的一大特色。戴震研究范围颇为广泛，以治经学为中心，旁及文字、音韵、历史、天算、律吕、数学、舆地、卜筮、名物、礼制、金石、兵法、医药、农桑，等等，名家著述丰富，成绩斐然。研究对象的门类虽散，而研究采用的方法论却始终贯彻戴震的治学理念，实事求是，无征不信，重视考证，反复校勘，不泥古，不信古。以这样的治学范围和研究方法为特点的徽派朴学，运用训诂笺释、文字校勘、辨伪辑佚、目录版本等手段，整理了大量古籍典册，这是科学的方法论的丰硕成果。最早总结出戴震重视研究方法，并定论这种方法论近乎科学化的是梁启超，他认为考据

---

① 张岱年主编：《戴震全书（七）：戴先生震传》，黄山书社1997年版，第12—13页。

学派的成功是由于有科学方法。

在天文学方面，戴震借用西洋新法评述各家学术、考订流变，或与古人辩难，立论自较清楚，亦有所创见。在数学方面，戴震对古典算书作了认真的整理和校勘工作，先后从《永乐大典》中辑出《周髀》《九章》《海岛》《五曹》等九部算经，以及收集到的影宋版张《丘建算经》《数术记遗》，校勘后一并收入《四库全书》，使许多古算经失而复得，为中国古代数学的存亡续绝做出了杰出的贡献。在机械考工方面，所著《考工记图》记述了对古代百工之事的科技名著的最杰出研究，并绘图详加注释，时人称为奇书。戴震又是一位精博于地舆之学的著名学者，主修《汾州府志》被时人尊为"修志楷模"，精校《水经注》更是有口皆碑。此外，戴震对生物学和医学也有涉猎，所著《雅经》记述动植物四百多种，成为一部辞典式的生物学专著。据《扬州画舫录》载，戴震撰有《金匮要略注》，洪榜《行状》言尚著有《气穴记》《藏府象经论》。这些著作皆散佚。可见，戴震不仅孜孜以求于《疏证》此类正人心的哲学著作，同时广泛地刻意钻研科技并进行比较专精的探索，本着"存古法以溯其源，秉新制以究其变"的原则，将自然科学的世界观和训诂考据的方法论作为其治经闻道之本。

（二）实证方法论思想的影响

明清之际，中国社会发生了"天崩地解"的剧烈变革，思想政治领域出现了一大批如顾炎武、黄宗羲、王夫之、颜元等提倡"经世致用"的思想家，并形成了各具特色的思想流派。明清之际的经世实学思潮就是从总结和批判理学与王学末流空谈误国的潮流中逐步形成和发展起来的，其代表人物主要有陈子龙、陆世仪、李时珍、杨慎、徐光启、李贽、方以智、顾炎武、黄宗羲、王夫之等人。他们大多胸怀救世之心，关心国计民生；读书不尚空谈，重视实用之学。由此可见，明清之际提倡的新学风，主要是针对宋明理学的"空疏之风"而产生的。学风问题并不仅仅是纯粹的学术问题。一代学风的形成与转变，与当时社会的政治、经济、文化思潮密切相关。经世学派的学术宗旨就是"崇实黜虚""废虚求实"。他们的理论与主张在当时的中国思想界掀起了巨大波澜，成为中国思想文化史上继春秋战国之后又一次重要的思想解放运动，开启了中国近代启蒙思想运动的曙光。然而，明清之际这股昭示着学术自由、思想解放、人性复苏的社会进步思潮随着清王朝闭关锁国政策的实施、文化专制主义制度的加强以及对广大知识分子思想言论的钳制，渐渐成为历史的回忆。乾嘉考据学随之兴盛起来，成为中国古代学术思想发展的又一里程碑。然乾嘉考据学以文字、音韵、训诂为治学之方法和目的，于明末清初之经世致用思想和民族忧患意识则鲜有深究和关注。

戴震本人在当时以精于名物考据而名噪一时。戴震不仅是学识渊博的皖派思想代表人物，而且成为中国传统思想的最后一位思想大师。戴震超越当时同辈的地方，这就是他在猛烈抨击宋明程朱理学及释、老思想之弊的同时，在当时学者究心于审名实、辨异同、考订文字，论列是非，埋首于故纸堆之时，他却把考据作为其"闻道"、建构其义理之学思想体系的手段，在他看来，不懂考据训诂、小学文字，就不能正确理解古代经典，考据训诂、小学文字只是手段和形式，目的是要"明道""闻道"，与古贤圣之心志"相通"。特别是戴震晚年写就的《孟子字义疏证》一书，完全奠定了他在中国思想史上的崇高地位。对此，近代著名学者梁启超这样评价说："戴东原先生为前清学者第一人，其考证学集一代大成，其哲学发二千年所未发""东原学术，虽有多方面，然足以不朽的全在他的哲学""科学界的先驱者""哲学界的革命建设家"①，就是说，戴震的哲学思想和实事求是的科学精神是他之所以成为中国思想史上最伟大思想家的重要原因所在。

戴震早中期主要侧重于考据学领域，晚年则更关注义理之学思想体系的阐发和建构。作为考据学家的戴震与作为思想家的戴震，在学术研究和思想评价方面具有不同的研究路径和方法。戴震处在中国古代哲学向近代哲学转变的前夕，他的思想方法从总体上具备了科学的实证主义的雏形，因为他的哲学触及了一些在近代哲学中才被广泛关注和讨论的问题，并吸引和启发了部分近代思想家。戴震哲学的思维方法和言说方式都有一定的进步意义。

戴震是一位在思想上具有复古倾向的哲学家，正是恢复"古贤圣之道"的为学主张使得他寻找一种理学之外的思考方式和表达方式。他将经学实证方法和西方数学方法引入哲学，作为与理学形而上思辨方法的对立，在思维上有突破中国传统哲学的地方。我们可以称之为实证的思

---

① 梁启超：《梁启超全集（七）：戴东原生日二百年纪念会缘起》，北京出版社1999年版，第38—39页。

维方法和形式逻辑的表达方式。重视实证是清代汉学的特点，实证方法往往从质疑开始，以遍搜博考为基础，以分析、归纳、会通为要务，以推求、得证为目的。这样的方法在清初即用于古典文献的考证和辨伪，至清中叶被普遍应用于小学、天文、历算、金石、舆地等学科的研究。戴震是将这种方法发展到顶峰并形成一套自己理论的人。由于他的工作，经学的实证研究方法被提升为"由词以通其道"的哲学方法。他对"善"的探讨、对"理"的剖析，对儒家传统概念的广泛诠释，无不和这种方法有关。他否定宋儒"理"概念的合理性，批评宋儒的理气、理欲之辨，倡导自己新的情欲观，也都是这种方法的运用。"由词以通其道"，在具体的研究中又表现为实事求是、空所依傍、条分缕析、求十分之见等实证态度和实证方法。

戴震的思想曾影响了胡适，胡适在论证中站在科学派的立场上，自然是实证主义的影响所致，不过也与他从戴震那里获得了传统文化的有力支持分不开。而实证方法在中国哲学上得到普遍关注则是近代的事了。近代哲学对实证思想和方法的重视，来自中西哲学碰撞中中学对西学的吸收。中国古代学者在这一方面有不自觉的接近应该是一件很有启发意义的事情。梁启超和胡适都盛赞戴震的"科学精神"，究其实，他们所肯定的正是戴震的"实证的求知的方法"和"近世科学"所赖以建立的"研究精神"。

科学方法的重要性是大家都熟悉的，正如巴甫洛夫所说："科学随着方法论上所获得的成就而不断地跃进着。方法论每前进一步，我们便仿佛上升了一级阶梯。于是，我们就展开更广阔的眼界，看见从未见过的事物。"① 心理学是一门科学，它和其他科学一样，应该采取客观的研究方法。但是，在19世纪以前，当心理学还处在哲学襁褓中的时候，哲学家和心理学家大多用思辨方法研究心理学问题。而戴震的唯物客观的科学精神和实证求知的方法大大先于西方的心理学家，直到19世纪西方心理学才转向客观方法研究心理现象。戴震的考据实证方法充分体现了一种科学态度，即实事求是、尊重客观事实的态度。由于人的心理世界和心理现象是极其复杂的，极少数心理学研究者可能仅从个人好恶和自身

---

① ［苏联］巴甫洛夫：《巴甫洛夫全集（第2卷第2册）》，人民卫生出版社1958年版，第22页。

利益出发，无视调查实验的客观数据，只报告对自己有利的心理现象。因此，戴震这种唯物客观的科学精神和实证求真的科学态度会时时刻刻警示和召唤着一代又一代心理学研究工作者。

第三节　戴震心理学思想的局限

一　理论体系不健全

戴震的心理学思想是非常丰富的，如心理实质观、心理发展观、心理对象观、心理差异观、心理功能观以及认知心理思想、情意心理思想、智能心理思想、哲学心理思想、教育心理思想、德育心理思想等。但是，他的这些思想仅是包含在他的义理之学当中，并没有专门对心理学的研究对象、学科性质、研究方法、研究内容等做过专门的论述。这也是时代的局限性所决定的。但是，不可否认他的心理学观点是十分丰富的，其思想体系是唯物的，其社会意义是进步的，他的心理学观点是中国心理学史的宝贵财富。

二　研究方法欠全面

戴震以实证求知的治学方法，没能摆脱当时训诂的传统方法的局限，从而未能向在大范围内开展科学理论的研究工作。虽然戴震在整理古代科学典籍上做出了重要贡献，他的学派后继者也沿着他的治学方向，在这方面丰绩可嘉。但是，这种教育研究范围仅局限于很小的学术圈子，未能对社会产生广泛深远的影响。尤其是他所重视的科技教育既没能在实践中给生产带来实际的帮助，也没有发展成一套系统的理论体系，而是被过于细碎的考证限制，这就势必给学术造成了发展的瓶颈。

三　应用研究较缺乏

戴震受到清初实学主义思潮对明末以来艳文辞藻猛烈抨击的影响，摆脱不了时代的藩篱。所以他不重视那些不具"实用"价值的文学艺术作品，甚至是抱着极端轻视的态度，称为"鄙文"，认为其意义远远不能与"制数"（汉学）和"义理"（理学）相提并论。这就使他倡导的心理思想失去了社会上最广泛的群众基础，不能普及大众的思想而处于尴尬境地。戴震提出理想的愿望是好的，但在现实矛盾重重、人际关系复杂的阶级社会里，连戴震自己也知道很难将他的理想完全付诸实践，感到甚是无奈。他深有感触地说："事事不苟，犹未能寡耻辱，念念求无憾，犹未能免怨尤。此数十年得于行事者。"①

第四节　戴震心理学思想的启示

一　坚持以马克思主义为指导，强化心理学人性化

任何科学都离不开一定的方法论，也就是科学研究方法的最高或原则性的指导思想。马克思主义的辩证唯物主义方法论对每一门科学研究都是必要的指导思想，但对心理学的研究则更需要强调。心理学研究的对象是比较复杂的、特殊的现象，是物质派生的、第二性的心理、意识或精神现象。如果离开了辩证唯物主义方法论的指导，就很容易走上唯心的、二元论或机械论的错误道路。戴震正是以朴素的唯物主义哲学观阐述自己的思想，在批判理学思想中不断形成、发展、成熟的。

戴震同时还充分灵活运用了辩证方法，从本体论、认识论、人性论、理欲观等方面对程朱理学展开了猛烈的抨击和批判。戴震把"天人合一"作为理想人格。他的理想人格主要有以下几个方面的特征：第一，是至仁之人。仁是德的本体，至仁"就能体万物而与天下共亲"②。第二，圣人与天下人同欲。戴震猛烈地抨击宋明理学的理欲之分，提出人应该无私，但不必无欲。他主张人有"情"有"欲"，但作为理想人格的君子，必须与天下同欲。第三是全德的人。戴震强调"君子"必须具全德，这是尽"道"的根本条件。戴震认识到理想人格在道德教育中的榜样和激励作用。理想人格塑造得是否合理，其距离现实生活的远近，对道德教育具有不同的作用。如果理想人格是常人难以达到的，对道德教育就有害而无益；如果理想人格塑造合理，对道德伦理的形成就具有重要的作用。

在科技进步和物质文明高度发达的今天，人们不断地向外索取、扩张，不惜一切手段追求物质财富，获得最大的享乐。面对人们自我的失

---

① 张岱年主编：《戴震全书（六）：答郑丈用牧书》，黄山书社1995年版，第373页。
② 张岱年主编：《戴震全书（六）：原善卷下》，黄山书社1995年版，第23页。

落、价值观的崩溃，我们可以从戴震的人性论思想中获得一些启示。一方面，情欲和德性的统一是实现理想人格的基础。继承了传统的"天人合一"的理想境界，戴震认为人要充分发挥内在道德理性的作用，调节人的欲望，并使它体现在现实世界中，这样的人才是真正的全德之人。否则就会被"人欲"所蒙蔽，吞噬自己的德性，沉沦为禽兽的状态。另一方面，坚持个人修身与社会责任的统一是理想人格的最终目标。先秦儒家的理想人格具有浓厚的政治实践性，即所谓"修己治人"之道。《大学》所谓"修齐治平"，强调要学做圣人，就必须要修身，最终目的是齐家、治国、平天下。"修己"和"治人"是相互联系的两个方面，修己是前提，治人是目的。戴震强调求道，尽道，学为圣人的目的就是通过不断地提高人们的个人修养来实现人的社会责任。戴震说："《记》曰：'饮食男女，人之大欲存焉：圣人治天下，体民之情，遂民之欲，而王道备'。……孟子告齐梁之君，曰'与民同乐'，曰'省刑罚，薄税敛'；曰'必使仰足以事父母，俯足以畜妻子'；'居者有积仓，行者有裹粮'；曰'内无怨女，外无旷夫'，仁政如是，王道如是而已矣。"① 如上所述，戴震强调圣人与天下百姓同"欲"，进而推出圣人遂己之欲，广之而遂天下人之欲；达己之情，广之而达天下人之情。个人修养与社会责任相统一的价值观，对于矫正我国现代人沉溺于自我而不能自拔的痼疾，无疑是一剂良药。

我们从戴震的心理学思想中得出：首先，心理科学的发展、研究必须以辩证唯物主义方法论为指导思想，必须坚持辩证唯物主义的决定论观点。世间的任何事物、现象的存在和运动变化都是有原因的，都是被决定的，都受客观因果关系的制约，心理现象更不例外。一切心理现象的发生、发展和变化都受制于一定的物质过程。从客观现实的存在，从脑的物质运动来把握心理现象的实质，这是心理研究的根本出发点。必须坚持辩证唯物主义的反映论观点。反映论观点要求把人的心理看作在实践活动中，对客观现实的合乎规律的反映过程或认识过程。辩证唯物主义的反映论是主体能动的反映论，既强调被反映客体的决定作用，又看到主体在反映过程中的积极性和能动作用。在心理学的研究中，要注意全面辩证地理解决定论和反映论的观点，既承认物质动因的根本作用，

---

① 张岱年主编：《戴震全书（六）：孟子字义疏证卷上》，黄山书社 1995 年版，第 161 页。

也承认在一定条件下心理动因所起的决定作用。

其次，必须强调人性是一切社会存在的基础，后天学习可以改变人性。戴震的人性学说，确实是反映了当时社会正在成长壮大的市民阶层追求个性自由与解放的目标要求。戴震的自然人性思想是戴震由天道思想转向其新伦理思想、新政治思想的一个重要方面，是戴震义理之学的最精华内容之一。但戴震并非主张放任人性的无节制发展，他认为人的情欲应有一定的限度，合理的做法应该是"君子使欲出于正而不出于邪，不必无饥寒愁怨、饮食男女、常情阴曲之感"。把人的情欲控制在合理的范围之内。从这一点来看，戴震的人性学说与传统的儒家人性思想一脉相承。这一思想对当前心理学发展具有重要的借鉴意义，心理科学是研究"人"的科学，最后也必须服务于"人"，必须使心理学的研究更加"人性化"，更加符合"人"的本来面貌。

二　客观认识古代心理学思想，促进心理学本土化

在心理科学高速发展的今天，尤其是西方心理学发展占据着优势地位的形式下，我们如何进行中国心理学的本土化，是摆在广大心理学工作者面前的重要课题。人的心理是人脑的机能，也是客观现实的反映。所以研究人的心理要以科学的态度和方法去探讨人的心理发展及变化的文化背景、民族传统、风俗习惯及国家意识形态，等等，因为不可能全世界完全按一种范式建立起来"统一"的心理学。在当前西方心理学占据世界心理学主流的情势下，心理学本土化是指一种社会文化取向的问题。每个国家的心理学所采用的概念、理论及方法要能切实反映本国民众的心理与行为，这个趋势适合每个国家的心理学发展。对中国来说，心理学的本土化也就是中国化的问题，也就是要建立系统的有自己特色的心理学理论体系。

当前以西方心理学为主流的心理科学的发展也面临着一系列问题。荆其城（1992）批评心理学还不是一门规范科学，因为："第一，心理学目前还没有一个真正意义上的范型；第二，心理学没有一个理论能贯穿人的整个心理活动；第三，心理学缺乏自己的概念，其概念大多数是从其他科学中转借过来的。"[①] 其中就有学者认为，心理学的学科危机主要

---

① 荆其城：《现代心理学发展趋势》，人民出版社1990年版，第32页。

是其盲目模仿自然科学所致。心理学研究的对象是人不是物，它是介于社会科学与自然科学之间的一门中间学科，并非纯粹的自然科学，因此其自然科学之路是难以走通的。而且，心理学所崇拜的西方科学并不是完整意义上的科学。科学心理学必须从单一的西方文化背景中跳出来，以广博的胸怀兼收并蓄世界其他文化的精华，对从中挖掘心理学思想就显得尤为重要、弥足珍贵了。

我们只有按照戴震对待"汉学"的一分为二的观点来看待戴震心理学思想，乃至中国古代心理学思想，不能全盘否定中国古代心理学思想，也不能用狭隘的民族眼光全盘否定西方心理学。我们必须要清醒地认识到西方心理学发展水平要高于中国心理学的发展，我们只有吸收、消化西方心理学才能赶上心理科学的发展。但是我们同样要看到我国古代思想家中很多重要的心理学思想需要我们去挖掘，需要我们汲取思想的精华把西方心理学理论合理、科学地应用到中国，使其成为具有中国特色的心理学。

三　合理扬弃古代心理学思想，推动心理学实用化

每一门学科的产生和发展，总有它的历史继承性。西方心理学有一个长久的过去，这个长久的过去是哲学的。1879 年，德国生理学家冯特所创办的心理学实验室应用了类似生理实验的方法研究人的心理。然而，五年之后，冯特创办的心理学刊物，刊名还是《哲学研究》。这一错乱反映了心理科学的尴尬境地，心理研究纠缠在哲学与生理学之间。心理学的自然科学性质，有自身发展的规律；另一方面是 19、20 世纪世界科学化的结果。虽然冯特之后的心理学偏向了自然科学，或者说已经完全地自然科学化，但是，西方心理学的哲学依然影响着心理的研究，哲学是心理研究的基础。近半个世纪以来产生的具有较大影响的心理学派别，恰恰是从对人的本性的哲学探讨开始的。

戴震创造性地继承了传统人性思想。在他看来，"人生而后有欲，有情，有知，三者，血气心知之自然也"[①]。欲、情、知，是人性的内在规定。这样一来，戴震就把"人"看作社会的理性动物，从而把被理学家道德理性化了的人还原为有欲、有情、有知的现实人，把抽象的人还原

---

①　张岱年主编：《戴震全书（六）：孟子字义疏证卷下》，黄山书社 1995 年版，第 195 页。

为实实在在的人。情欲可以看作个体生命的特征，情欲的涌动昭示着生命的存在，情欲的强烈意味着生命力的旺盛，情欲的彻底消失意味着人的死亡，没有欲望人也就失掉了大半的活力。要研究人性问题、要认识和把握人的本质，不可能也不应当抛开人的情欲问题，因为情欲关涉人的需要，也关涉人们行为的动因。费尔巴哈说："只有在欲望中，我才获得特性，我才成为特定的本质。"① 马克思说："人只有凭借现实、感性的对象才能表现自己的生命。"② 并更为明确地指出说："他们的需要即他们的本性。"戴震在人性问题上对情欲加以肯定，把情欲看成人生的原动力，显然是合理而有积极意义的。他的这种思想不仅使中国古代传统心理学思想的发展迈出了新的一步，而且为中国本土化心理学向近现代演变做了铺垫。

因此，我们要按照戴震心理学思想创造性地继承传统心理学思想，合理扬弃，推动心理学实用化。心理学是一门与人类生活密切相关的学科，其理论的应用和普及是学科发展的生命力。随着现代社会的发展，心理学已渗透到社会生活的多个领域，对人们的日常生活产生着越来越大的影响，从心理健康教育教学、体育竞技、人员选拔到广告营销、产品设计、司法刑侦等方面都取得了显著的效益，与心理学相关的一些专业和职业也纷纷产生。在发达国家，心理学涉猎的范围也越来越广，包含了人类体验的所有方面，总的目标就是理解人类的行为。

我国古代心理学思想的应用也是非常之广的。教育、医学、军事、文艺、社会、管理、司法、运动等方面的心理学思想，可谓广矣，且对后世影响深远。古代教育心理思想最为丰富，它涉及学习心理思想、德育心理思想、差异心理思想、教师心理思想、心理测验思想等，提出生知说和学知说、内求说和外铄说、气禀论和性习论，这些思想主要包含在孔子、孟子的著作当中。被誉为"世界古代第一兵书"的《孙子兵法》，就是一本军事心理学思想的著作。《黄帝内经》提出的"怒伤肝""喜伤心""思伤脾""忧伤肺""恐伤肾"就带有医学心理思想。戴震的心理学思想主要体现在教育心理思想和德育心理思想之中，他一直坚持

---

① ［德］路德维希·费尔巴哈：《费尔巴哈哲学史著作选》，涂纪亮译，商务印书馆1984年版，第154页。

② 《马克思恩格斯全集（第三卷）》，人民出版社2002年版，第324页。

"下愚可移""虽愚必明"等平民教育思想，并且强调人性是一切社会存在的基础，后天学习可以改变人性。燕国材在《明清心理思想研究》一书中提出，中国古代心理学思想的一项重要成就和贡献，就是形成了一条"重视人""人为贵"的人本主义传统。[①] 人本主义的基本观点就是一切活动和工作，都必须以人为本，即重视人的地位和价值，尊重、理解、关心、相信每一个人，把人与动物区别开来，并强调发挥人的智能，培养人的聪明才智和道德品质。人本主义心理学家马斯洛也提出，心理学应该为人类的幸福做出贡献。可以说早在19世纪，中国思想家就已经意识到满足人的需要、提升人的生活品质是心理学发展的目标。

　　心理科学的实用化是以人为本的要求，是作为"人"的个体诉求，是广大心理学工作者的不懈追求，也是社会进步的必然。诺贝尔经济学奖获得者美国普林斯顿大学教授丹尼尔·卡纳曼，是获得诺贝尔奖的第二位心理学家。他的杰出贡献在于将心理学的前沿研究成果引入经济学研究中，特别侧重于研究人在不确定情况下，进行判断和决策的过程。2016年颁发的《中华人民共和国国民经济和社会发展第十三个五年规划纲要》中提出要"健全社会心理服务体系"。而心理学的应用无论对物质文明还是精神文明建设都是十分重要的，而对于培育民族精神更是不可缺少的。在企业的发展中，人力资本起着关键的作用。学习型组织、终身学习等观念的盛行，也反映了企业对人的因素正给予了越来越多的重视。因此，对于当今心理科学的发展有必要合理扬弃古代心理学思想，沿着以人为本的路线推动心理科学的实用化。

---

① 燕国材：《明清心理思想研究》，湖南人民出版社1988年版，第20—23页。

参考文献

安正辉:《戴震哲学著作选注》,中华书局 1979 年版。

[苏]巴甫洛夫:《巴甫洛夫全集(第 2 卷第 2 册)》,人民卫生出版社 1958 年版。

白盾:《一个巨大的否定之否定——从朱熹到戴震、胡适的徽州文化发展轨迹》,《黄山学院学报》2005 年第 2 期。

卞利:《明清徽州社会研究》,安徽大学出版社 2004 年版。

蔡锦芳:《戴震生平与作品考论》,广西师范大学出版社 2006 年版。

蔡元培:《戴东原的伦理学》,黄山书社 1997 年版。

蔡元培:《中国伦理学史》,商务印书馆 2004 年版。

曹日昌主编:《普通心理学(合订本)》,人民教育出版社 1987 年版。

柴华主编:《中华文化名著典籍精华(上册)》,黑龙江人民出版社 2004 年版。

车文博、燕国材主编:《心理学思想史(中国卷)》,湖南教育出版社 2004 年版。

陈海燕:《论戴震〈毛诗补传〉对旧说的态度》,《宿州学院学报》2005 年第 2 期。

陈寒鸣:《戴震与中国早期启蒙思想》,《中国社会科学院研究生院学报》2000 年第 5 期。

陈徽:《戴震与江永关系的再探讨》,《安徽农业大学学报》2004 年第 11 期。

陈增辉:《戴震教育哲学简论》,《上海大学学报》2001 年第 2 期。

崔大华:《儒学引论》,人民出版社 2001 年版。

[日]村濑裕也:《戴震的哲学》,王守华等译,山东人民出版社 1996

年版。

（清）戴震：《戴震集：答郑丈用牧书》，上海古籍出版社 1980 年版。

（清）戴震：《戴震集》，汤志红点校，上海古籍出版社 1980 年版。

（清）戴震：《戴震全集（一）》，清华大学出版社 1991 年版。

（清）戴震：《戴震全集（一）：与段若膺论理书》，清华大学出版社 1991
　　年版。

（清）戴震：《戴震全集：戴东原先生年谱》，清华大学出版社 1991 年版。

（清）戴震：《戴震文集》，赵玉新点校，中华书局 1980 年版。

（清）戴震：《戴东原集：古经解钩沉序》，中华书局 1961 年版。

（清）戴震：《戴东原集：与任孝廉幼植书》，中华书局 1961 年版。

戴震研究会：《戴震学术思想论稿》，安徽人民出版社 1987 年版。

丁冠之：《戴震、丁茶山的实学思想》，《烟台大学学报》1997 年第 1 期。

杜国庠：《披着“经言”外衣的哲学》，人民出版社 1962 年版。

范金民：《明清江南商业的发展》，南京大学出版社 1998 年版。

方东树：《汉学师承记（外二种）：汉学商兑》，生活·读书·新知三联书
　　店 1998 年版。

方国根：《论戴震的理气观》，《齐鲁学刊》1994 年第 6 期。

冯友兰主编：《中国哲学史新编》，人民出版社 1989 年版。

高觉敷主编：《中国心理学史》，人民教育出版社 2005 年版。

高寿仙：《徽州文化》，辽宁教育出版社 1993 年版。

葛荣晋、屈桂英：《戴震哲学思想新论》，《甘肃社会科学》1994 年第
　　5 期。

郭振香：《论戴震哲学的基本精神》，《安徽大学学报》2002 年第 7 期。

韩先梅：《戴震论道德和道德教育》，《江淮论坛》1997 年第 1 期。

韩秀桃：《明清徽州的民间纠纷及其解决》，安徽大学出版社 2004 年版。

侯外庐：《近代中国思想学说史（上册）》，生活书店 1947 年版。

侯外庐：《中国思想通史（五）》，人民出版社 1956 年版。

胡发贵：《“叔世大儒”——戴震》，《船山学刊》1994 年第 1 期。

胡家祚：《戴震批判程朱理学的进步意义》，《徽州师专学报》1986 年第
　　2 期。

胡建、汪震宇：《中西启蒙“平等”观在价值源头上的同与异——以卢梭
　　的“平等”观与戴震的“理欲之辨”为范本》，《浙江社会科学》2002

年第 6 期。

胡少兆：《戴震教育思想的启蒙意义》，《徽州师专学报》1987 年第 3 期。

胡适：《胡适学术文集·中国哲学史：戴东原的哲学》，中华书局 1991 年版。

胡贤鑫：《"意见"与"理义"——戴震认识论中的两个重要问题》，《中国哲学史》2000 年第 4 期。

胡贤鑫：《以"心知"为人性善立说——戴震"知即善"性善说的理性论特点》，《江汉论坛》2000 年第 10 期。

胡贤鑫：《知即性——戴震人性学说的理性论特点》，《江汉论坛》2001 年第 11 期。

华山：《戴震的反理学思想》，《文史哲》1981 年第 5 期。

黄爱平：《乾嘉汉学治学宗旨及其学术实践探析——以戴震、阮元为中心》，《清史研究》2002 年第 8 期。

黄希庭：《心理学导论》，人民教育出版社 1991 年版。

黄正泉：《中国古代人学思想的总结与终结——戴震人学思想研究》，《船山学刊》2000 年第 1 期。

江藩：《国朝汉学师承记》，中华书局 1983 年版。

姜广辉：《中国哲学（第 22 辑）：经学今诠初编》，辽宁教育出版社 2000 年版。

姜国柱：《论戴震的认识论》，《江苏师范学院学报》1980 年第 3 期。

解光宇：《儒家性情学说历程及其终结——戴震人性学说在终结中的作用》，《学术界》1997 年第 1 期。

金忠明：《戴震与实学教育思潮》，《孔子研究》1994 年第 4 期。

荆其城：《现代心理学发展趋势》，人民出版社 1990 年版。

（春秋）老子：《中华传统文化精品文库（四）：道家经典》，新华出版社 2003 年版。

雷静：《日用之实——论戴震哲学的指实趋向》，《船山学刊》2004 年第 2 期。

李发耀：《乾嘉时期儒学思想的转型——以戴震为个案分析》，《贵州社会科学》2003 年第 11 期。

李帆：《章太炎、刘师培、梁启超与近代的戴学复兴》，《安徽史学》2003 年第 4 期。

李帆：《章太炎、刘师培、梁启超对戴震理欲观的评析》，《北京师范大学学报》2005 年第 2 期。

李红英：《近十五年戴学研究综述》，《安徽史学》2002 年第 2 期。

李红英：《通经致用——戴震对经典意义的追求》，《安徽史学》2005 年第 1 期。

李锦全：《从理欲论看戴震思想在儒学中的历史地位》，《徽州师专学报》1986 年第 2 期。

（清）李恒：《国朝耆献类征：戴东原先生事略》，广陵书社 2007 年版。

李开：《戴震评传》，南京大学出版社 2001 年版。

李开：《戴震语文学研究》，江苏古籍出版社 1998 年版。

李琳琦：《徽商与明清徽州教育》，湖北教育出版社 2003 年版。

李琳琦：《徽州教育》，安徽人民出版社 2005 年版。

李明德：《戴震论人的心理和教育》，《福建师范学院学报》1963 年第 1 期。

李振纲：《戴震对理学的批判改造》，《河北大学学报》2002 年第 2 期。

梁启超：《梁启超全集（七）：戴东原生日二百年纪念会缘起》，北京出版社 1999 年版。

梁启超：《饮冰室合集：戴东原图书馆缘起》，中华书局 1927 年版。

梁启超：《戴东原哲学》，黄山书社 1997 年版。

梁启超：《清代学术概论》，东方出版社 1996 年版。

梁漱溟：《梁漱溟全集（一）：东西文化及其哲学》，山东人民出版社 1989 年版。

［苏］列宁：《列宁全集（第 14 卷）》，人民出版社 1988 年版。

凌云：《学风嬗变中的戴震》，《安徽教育学院学报》1999 年第 4 期。

凌云、敬元沐：《浅论戴震的治学思想》，《安徽史学》1995 年第 4 期。

刘师培：《左庵外集（十七）：刘申叔先生遗书》，江苏古籍出版社 1997 年版。

刘兴邦：《戴震与理学》，《江西社会科学》2001 年第 11 期。

娄毅：《从方法论看戴震的训诂研究》，《河北大学学报》2006 年第 1 期。

鲁迅：《鲁迅全集（二）》，人民文学出版社 1982 年版。

陆忠发：《戴震对清代以来中国学术研究的影响》，《江淮论坛》2002 年第 6 期。

路新生:《理解戴震——钱穆余英时"戴震研究"辨正》,《华东师范大学学报》2003年第1期。

《马克思恩格斯选集(一)》,人民出版社1995年版。

《马克思恩格斯选集(三)》,人民出版社1995年版。

《马克思恩格斯选集(四)》,人民出版社1995年版。

毛礼锐、瞿菊农、邵鹤亭编:《中国古代教育史》,人民教育出版社1983年版。

冒怀辛:《戴震的仁智学说》,安徽人民出版社1987年版。

冒怀辛:《关于戴震哲学思想的评价问题》,《江淮学刊》1963年第1期。

梅向东:《"遂欲达情"与"古今之情"——戴震与曹雪芹对生命存在及其意义之不同思考》,《安庆师范学院学报》2000年第4期。

蒙培元:《理学的演变——从朱熹到王夫之戴震》,上海人民出版社1984年版。

缪世平:《评戴震关于意见和真理的看法》,《华东师大学报》1987年第3期。

(春秋)墨子:《墨子:经上》,朱越利校注,辽宁教育出版社1997年版。

潘菽:《潘菽心理学文选》,江苏教育出版社1987年版。

潘菽:《中国古代心理学思想刍议》,《心理学报》1984年第2期。

潘菽、高觉敷:《组织起来,挖掘我国古代心理学思想的宝藏》,《心理学报》1983年第2期。

彭聃龄:《普通心理学》,北京师范大学出版社2004年版。

彭彦琴:《中国心理学思想史范畴体系的重建》,《心理学探新》2001年第1期。

钱穆:《戴东原》,贵山书社1997年版。

钱穆:《中国近三百年学术史(上)》,商务印书馆1997年版。

丘为君:《戴震学的形成》,新星出版社2006年版。

任剑涛:《经典解读中的原创思想负载——从〈孟子字义疏证〉与〈孟子微〉看》,《中国哲学史》2002年第1期。

容肇祖:《戴震全书(七):戴震说的理及求理的方法》,黄山书社1997年版。

申笑梅、张立真:《独树一帜——戴震与乾嘉学派》,辽宁人民出版社1997年版。

沈晋华:《章太炎〈成均图〉对戴震〈转语〉的继承和发展》,《苏州教育学院学报》2002 年第 12 期。

沈雨梧:《戴震对自然科学的研究》,《绍兴文理学院学报》2004 年第 6 期。

沈玉龙:《"己之意见"与"心之同然"——论戴震的"意见""理义"说及其意义》,《贵州社会科学》1996 年第 5 期。

施扣柱:《戴震人性论发微》,《史林》1998 年第 2 期。

宋浩、陈怀健:《戴震论"善"人的培养——兼与孟子比较》,《南京化工大学学报》2001 年第 2 期。

孙以昭:《戴震经学方法初探》,《安徽大学学报》1979 年第 2 期。

孙振东:《论戴震反对理学唯心主义的斗争》,《江淮学刊》1962 年第 1 期。

唐凯麟:《论戴震"归于必然适完其自然"的伦理意蕴》,《船山学刊》1994 年第 1 期。

唐力行:《商人与中国近世社会》,浙江人民出版社 1993 年版。

唐甄:《潜书注》,四川人民出版社 1984 年版。

[德] 路德维希·费尔巴哈:《费尔巴哈哲学史著作选》,涂纪亮译,商务印书馆 1984 年版。

汪大白:《屈原精神与戴震哲学》,《安徽教育学院学报》1996 年第 1 期。

汪凤炎:《关于中国古代的人贵论》,《心理学动态》1999 年第 2 期。

王爱平:《戴震的学术主张与学术实践》,《南通师范学院学报》2002 年第 9 期。

王飞龙:《戴震的理欲之辨》,《徽州师专学报》1991 年第 3 期。

王国良:《戴震对理学的解构与中国哲学的近代转向》,《安徽大学学报》2005 年第 9 期。

王国良:《孔孟·朱熹·戴震——中国生存论哲学传统的建构》,《社会战线》2004 年第 4 期。

王国维:《静庵文集:国朝汉学派戴阮二家之哲学说》,辽宁教育出版社 1997 年版。

王杰:《戴震论获取真理的途径》,《理论前沿》2002 年第 11 期。

王杰:《戴震义理之学的历史评价及近代启蒙意义》,《文史哲》2003 年第 2 期。

王杰：《戴震义理之学中的人性结构模式》，《伦理学研究》2005 年第
　5 期。

王杰：《理学的危机与创新——从自然、必然的视角看戴震的新伦理观》，
　《华北电力大学学报》2000 年第 4 期。

王杰：《一种新伦理观的张扬：戴震的理欲统一论》，《齐鲁学刊》2003 年
　第 1 期。

王杰：《中国伦理思想研究：戴震义理之学中的人性结构模式》，《伦理学
　研究》2005 年第 3 期。

王金芳：《戴震古音学成就略评》，《江汉大学学报》2002 年第 4 期。

王开府：《戴东原性论思想述评》，《台湾国文学报》1989 年第 6 期。

王茂：《戴震哲学思想研究》，安徽人民出版社 1980 年版。

王茂：《论戴震哲学的结构与含义》，《哲学研究》1981 年第 1 期。

王世光：《戴震哲学与〈几何原本〉关系考辨》，《史学月刊》2002 年第
　7 期。

王世光：《学术与政治之间——论戴震对程朱理欲观的批评》，《中州学
　刊》2002 年第 3 期。

王世光：《由故训以明理义——戴震哲学方法论思想的新阐释》，《江海学
　刊》2001 年第 4 期。

王世华：《富甲一方的徽商》，浙江人民出版社 1997 年版。

王朔柏：《戴震的理欲观》，《安徽大学学报》1998 年第 4 期。

王艳秋：《戴震"理"概念的价值和道德内涵》，《安徽师范大学学报》
　2003 年第 11 期。

王艳秋：《论戴震哲学中道德的知识化倾向》，《贵州社会科学》2003 年第
　9 期。

王振忠：《徽州社会文化史探微》，上海社会科学院出版社 2002 年版。

王振忠：《明清徽商与淮扬社会变迁》，生活·读书·新知三联书店 1996
　年版。

韦茂荣：《试论戴震的心理学观点》，《心理学报》1981 年第 4 期。

（清）魏源：《魏源集：默觚·治篇六》，中华书局 1961 年版。

吴伯春：《戴震学术思想研究》，《淮北煤师院学报》1995 年第 4 期。

吴根友：《戴震伦理学中的自由思想申论》，《武汉大学学报》1999 年第
　4 期。

吴根友:《戴震哲学"道论"发微——兼评村濑裕也〈戴震的哲学——唯物主义和道德价值〉》,《中国哲学史》2003 年第 1 期。

吴根友:《言、心、道——戴震语言哲学的形上学追求及其理论的开放性》,《哲学研究》2004 年第 11 期。

武道房:《对戴震批评朱熹理欲观的再认识》,《安徽师范大学学报》2003 年第 9 期。

夏英林:《胡适的戴震哲学研究拒斥形而上学》,《学术研究》1999 年第 6 期。

肖永明:《试论戴震道德修养论的启蒙特色》,《西北大学学报》1998 年第 2 期。

徐道彬:《戴震考据学研究》,安徽大学出版社 2007 年版。

徐道彬:《戴震早期哲学思想再认识——以〈屈原赋注〉为中心的考察》,《安徽大学学报》2007 年第 2 期。

徐辉、罗强强:《戴震的理欲观探析》,《重庆邮电学院学报》2005 年第 3 期。

徐玲英:《论戴震的治学方法》,《安徽大学学报》2007 年第 4 期。

徐书业、韦玉娟:《戴震教育思想研究》,《广西教育学院学报》1999 年第 2 期。

许兰、吴根友:《戴震伦理学的知性特征及其近代意义》,《中国文化论坛》2005 年第 1 期。

许苏民:《戴震与中国文化》,贵州人民出版社 2000 年版。

许志刚:《戴震经学研究的人文关怀》,《绍兴文理学院学报》2004 年第 4 期。

荀况:《荀子·天论》,杨倞注,上海古籍出版社 1988 年版。

燕国材:《戴震论认识与情欲》,《心理学报》1987 年第 4 期。

燕国材:《戴震心理思想的基本观点》,《心理学报》1987 年第 3 期。

燕国材:《明清心理思想研究》,湖南人民出版社 1988 年版。

燕国材:《我国古代人性论的心理学诠释》,《上海师范大学学报》2008 年第 1 期。

燕国材:《心理学思想史》,湖南教育出版社 2004 年版。

燕国材:《中国心理学史》,浙江教育出版社 1998 年版。

杨世文:《戴震向儒学原旨回归》,《四川大学学报》1996 年第 3 期。

杨世文：《论戴震复兴儒学的努力》，《孔子研究》1996 年第 3 期。

杨向奎：《戴震——中国古代社会和古代思想研究》，上海人民出版社 1962 年版。

杨鑫辉：《关于个体社会化的几个问题》，《江西师范大学学报》1992 年第 3 期。

杨鑫辉：《心理学思想史》，山东教育出版社 2000 年版。

杨鑫辉：《中国心理学思想史》，江西教育出版社 1994 年版。

杨应芹：《戴震与江永》，《安徽大学学报》1995 年第 4 期。

（清）姚鼐：《惜抱轩文集：惜抱轩尺牍》，文海出版社 1979 年版。

叶浩生：《西方心理学的历史与体系》，人民教育出版社 1998 年版。

叶浩生：《西方心理学中两种文化的分裂及其整合》，《心理学报》1999 年第 3 期。

叶显恩：《徽州与粤海论稿》，安徽大学出版社 2004 年版。

叶显恩：《明清徽州农村社会与佃仆制》，安徽人民出版社 1983 年版。

余英时：《士与中国文化》，上海人民出版社 1987 年版。

余英时：《论戴震与章学诚》，生活·读书·新知三联书店 2005 年版。

余英时：《论戴震与章学诚——清代中期学术思想史研究》，香港龙门书店有限公司 1976 年版。

曾亦：《戴震对宋明新儒学的误读及其思想的时代意义——兼对心之诸能力的阐发》，《孔子研究》1997 年第 2 期。

翟忠义：《论戴震在地理学上的贡献》，《山东师范大学学报》2003 年第 6 期。

张岱年：《中国唯物主义思想简史》，中国青年出版社 1957 年版。

张岱年：《中国哲学大纲》，中国社会科学出版社 1982 年版。

张岱年主编：《戴震全书（六）：孟子私淑录卷上》，黄山书社 1995 年版。

张岱年主编：《戴震全书（六）：孟子私淑录卷中》，黄山书社 1995 年版。

张岱年主编：《戴震全书（六）：孟子私淑录卷下》，黄山书社 1995 年版。

张岱年主编：《戴震全书（六）：孟子字义疏证卷上》，黄山书社 1995 年版。

张岱年主编：《戴震全书（六）：孟子字义疏证卷下》，黄山书社 1995 年版。

张岱年主编：《戴震全书（六）：孟子字义疏证卷下·天道》，黄山书社

1995 年版。

张岱年主编：《戴震全书（六）：孟子字义疏证卷中·性》，黄山书社 1995 年版。

张岱年主编：《戴震全书（六）：绪言卷上》，黄山书社 1995 年版。

张岱年主编：《戴震全书（六）：绪言卷中》，黄山书社 1995 年版。

张岱年主编：《戴震全书（六）：绪言卷下》，黄山书社 1995 年版。

张岱年主编：《戴震全书（六）：与方希原书》，黄山书社 1995 年版。

张岱年主编：《戴震全书（六）：与某书》，黄山书社 1995 年版。

张岱年主编：《戴震全书（六）：与是仲明论学书》，黄山书社 1995 年版。

张岱年主编：《戴震全书（六）：与姚孝廉姬传书》，黄山书社 1995 年版。

张岱年主编：《戴震全书（六）：原善卷上》，黄山书社 1995 年版。

张岱年主编：《戴震全书（六）：原善卷中》，黄山书社 1995 年版。

张岱年主编：《戴震全书（六）：原善卷下》，黄山书社 1995 年版。

张岱年主编：《戴震全书（六）：戴节妇家传》，黄山书社 1995 年版。

张岱年主编：《戴震全书（六）：答彭进士允初书》，黄山书社 1995 年版。

张岱年主编：《戴震全书（七）：戴东原先生事略》，黄山书社 1997 年版。

张岱年主编：《戴震全书（七）：处士颜先生元》，黄山书社 1997 年版。

张岱年主编：《戴震全书（七）：戴先生震传》，黄山书社 1997 年版。

张岱年主编：《戴震全书（七）》，黄山书社 1997 年版。

张岱年主编：《戴震全书（七）：戴先生行状》，黄山书社 1997 年版。

张岱年主编：《戴震全书（七）：雕菰楼集（七）·申戴》，黄山书社 1997 年版。

张娣英：《戴震考据学及其理性特征》，《韶关学院学报》2003 年第 7 期。

张海鹏、王廷元：《徽商研究》，安徽人民出版社 1995 年版。

张海鹏、王廷元：《明清徽商资料选编》，黄山书社 1985 年版。

张海鹏：《戴震》，《合肥师范学院学报》1960 年第 1 期。

张怀承：《戴震气化流行的学说及其对传统气论的继承和发展》，《中华文化月刊》1992 年第 2 期。

张立文：《戴震对朱熹形而上本体论的批判》，《福建论坛》1991 年第 3 期。

张立文：《戴震对自然生命的关怀》，《孔子研究》1993 年第 4 期。

张明富：《明清商人文化研究》，西南师范大学出版社 1998 年版。

张锡生主编:《中国德育思想史》,江苏教育出版社 1993 年版。

张晓林:《戴震的"讳言"——论〈天主实义〉与〈孟子字义疏证〉之关系》,《华东师范大学学报》2002 年第 7 期。

章太炎:《说林(上):章太炎学术史论集》,中国社会科学出版社 1997 年版。

章学诚:《章氏遗书:朱陆篇书后》,文物出版社 1982 年版。

章学诚:《文史通义校注:书朱陆篇后》,中华书局 1985 年版。

赵华富:《两驿集》,黄山书社 1999 年版。

赵士孝:《戴震的认识论》,《郑州大学学报》1983 年第 4 期。

赵士孝:《戴震对孔孟哲学的继承和发展》,《徽州师专学报》1987 年第 2 期。

赵士孝:《戴震和程朱在理欲观上的对峙》,《郑州大学学报》1987 年第 4 期。

赵士孝:《戴震理气观的多角思维》,《中国哲学史研究》1988 年第 4 期。

赵士孝:《戴震论人、物的起源和人、物智力差别的产生》,《郑州大学学报》1986 年第 6 期。

赵玉新:《戴震文集》,中华书局 1980 年版。

周辅成:《戴震——十八世纪中国唯物主义哲学家》,湖北人民出版社 1957 年版。

周辅成:《戴震在中国哲学史上的地位——纪念戴震逝世 280 年》,《安徽历史学报》1957 年第 1 期。

周晓光:《徽州传统学术文化地理研究》,安徽人民出版社 2006 年版。

周兆茂:《戴震哲学新探》,安徽人民出版社 1997 年版。

朱松美:《戴震〈孟子字义疏证〉的创新性哲学诠释》,《济南大学学报》2005 年第 2 期。

朱万曙:《论徽学》,安徽大学出版社 2004 年版。

(宋)朱熹:《孟子集注卷十三》,齐鲁书社 1992 年版。

(宋)朱熹:《四书集注》,陈戍国标点,岳麓书社 2004 年版。

后　记

即便许多年后，回首 2008 年，我们依然会心潮澎湃、百感交集。对中国而言，2008 年是全体中国人情感激荡的一年。这一年我们经历了特大冰雪灾害、汶川大地震、北京奥运会、国际金融危机，等等，它犹如一部交响曲，高昂，悲怆，激越，雄壮……跌宕起伏。2008 年，值得我们所有人铭记。而 2008 年之于我，更是一生中注定要烙下永恒印迹的一年，因为博士研究生阶段的学业终于完成了。对于我来说，没有什么事比攻读博士学位更重要。

我非常幸运地成为李琳琦先生的学生，开始中国古代史中国心理学史方向的学习。由于自己学术背景的差异和多种角色的交织，四年的学习十分艰难，但李先生始终给予我精心指导、热情鼓励和大力支持，特别是给予了许多的忍耐、宽容和理解，对此我深感惶愧，心存感激。这份情谊与厚爱已无法言谢，我将永远珍藏！

感谢王世华先生！您的指导与教诲，使我更加明白了如何治学、怎样做人。您身上所具有的那种学术品质和人格魅力，将是我和更多人永远的追求！

感谢裘士京先生和周晓光先生！作为您们的学生，我深感荣幸！

在四年多的时间里，安徽师范大学教育科学学院、安徽师范大学科研处和芜湖信息技术职业学院等单位的很多领导、同事及朋友给予了我无数的关心、支持和帮助，他们是蒋玉珉教授、朱士群教授、王在广书记、余尚文教授、葛金国教授、胡金戈处长、方双虎博士、王道阳老师等，还有田海洋、周雁、何元庆、王东华、曹光法、闵永胜、张俊杰、汪海彬、陈美爱、梁仁志、王偶偶和王申振等同志，您们无私有力的支持和帮助是我勇往直前的强大动力，感谢您们！同门王先俊教授、陈孔祥教授、徐彬教授、孙德玉教授、江家发教授、秦宗财教授、刘灿华教授等给予我不少的启迪和教益，在此一并致谢！感谢我的夫人何军和女儿对我的支持，特别是女儿愔怡学习勤奋刻苦，办事踏实认真，时时刻刻激励着我，能够完成学业，她们功不可没！

　　十年之后的今天，一个最伟大的时代，正在到来。对此，我们欢欣鼓舞。然而，世界又处于百年未有之大变局，有时也会感到茫然无措。回望过去，只余感慨。面对当下，唯有背起行囊重新上路，再出发……

姚本先

2019 年 6 月 28 日